フランスの素朴な地方菓子

法國鄉土甜點的經典本色

118道歷久不衰的地方及家庭糕點故事

前言

我們經常聽見「法式甜點」這個名詞，
那麼「法國鄉土甜點」又是什麼呢？相信不少人會有這個疑問吧。

就像日本各地有代表當地的著名糕點，
在法國也有各個地方屬於當地的鄉村點心。
大多使用手邊即可取得的食材，如奶油、雞蛋及麵粉等，
絕大多數都是烤箱出爐即可享用的樸實點心。

不過，這些甜點即使「樸實」，卻有著超越外表的歷史及淵源，
各個皆有其深奧的故事。

「為什麼這道甜點會誕生在這片土地上呢？」
「為什麼經過了這麼長久的時間，至今仍然十分受歡迎呢？」

一旦明白了這道甜點誕生的歷史及由來，或許我們就能找到答案。

本書是由熱愛法國鄉土甜點的兩位作者，親自走訪法國當地並品嘗後，
寫下每道甜點背後的故事所集結而成。

喜愛法式甜點的你，想更加深入了解法國鄉土甜點的你，
希望本書能夠提供些許參考，這將會是我們的榮幸。

向法國的鄉土甜點出發 Bon voyage ！

Sommaire

法國鄉土甜點

從食譜窺探法國鄉土甜點

colonne

◎ 本書的使用方法

・Données 為該甜點的相關資訊。對應縮寫說明為：Ⓒ類別 Ⓞ誕生背景 Ⓟ麵團、麵糊名稱 Ⓢ奶餡、醬汁及裝飾 Ⓜ材料名。
・Données 所提供的內容，是作者考察的常見結果，並非贊助者的商品。
・各甜點內文最後所標明的製作協助店家，可見 186 頁的法式甜點店店家資訊。
・不同店家對於甜點的名稱或外觀，也許會跟本書內容有所差異。此外也有些為參考用商品，敬請見諒。

◎ 關於食譜規則

・烤箱的設定溫度、烘烤時間會依照機器種類不同而有差異。本書提及的時間為參考值，請觀察烘焙過程再做調整。
・使用的奶油為無鹽奶油。若可能的話，建議使用發酵奶油。

法國甜點的變遷

法國甜點是如何誕生，又經歷過哪些演變呢？想要探究這些，我們得從追尋法國的歷史開始。

提到「法式甜點」，想必許多人腦海裡浮現的，是裝飾華麗、外型吸睛的甜點。事實上，在法國許多地方人們所吃的點心，僅僅只是簡單烤箱出爐的樸素甜點。

想要了解整件事情的原委，時間要推回至西元前 1 世紀左右。當時的法國人受到古羅馬人管轄，被稱為「高盧人」。此一時期，正是使用堅果及蜂蜜作為甜點材料的起點。同時也已經可在祭典或宗教儀式當中看見甜點的存在。西元 3 世紀時，法蘭克人入侵這片土地，逐漸穩固了勢力。之後有了「法蘭克王國」的誕生，信仰從多神教皈依成天主教。這也和之後許多點心是從天主教所衍生出來，有著緊密的關聯。

對甜點的發展來說，有一個相當重要的關鍵，便是修道院。當時修道院的生活必須恪守十分嚴格的戒律，而同時身為土地的領主，修道院能從農民獲得麵粉、雞蛋、蜂蜜等食材之外，也擁有普通民家沒有的烤爐。因此，修道院便得以製作許多不同的甜點。

此外，還有為數不少的甜點，是受到其他國家的影響而誕生。在 11 ～ 13 世紀的十字軍東征時期，從東方取得了香料、砂糖等食材。此外，還有從英格蘭遷徙而來的凱爾特人、從地中海向北攻城略地而來的阿拉伯人、從北歐南下的維京人、有領地衝突的德意志人等。各式各樣的外在因素，也間接影響了新甜點的傳入。

從鄰邦嫁入法國的王妃們，也帶來了嶄新的甜點食譜。來自義大利的凱

薩琳·德·梅迪奇（Catherine de Medici）帶來了馬卡龍，來自西班牙的奧地利的安妮（Anne d'Autriche）及瑪麗·泰蕾莎（Maria Theresa）帶來了巧克力，來自奧地利的瑪麗·安東妮（Marie Antoinette）則帶來了可頌麵包及咕咕洛夫，這些甜點也因此在法國普及開來。許多不同飲食文化紛紛進入法國，在宮廷文化之中發展茁壯。

而發生於 1789 年的法國大革命，則造成了巨大變化。修女或效力於皇室貴族的廚師及甜點師們遭到驅逐，流放至一般民間，因而誕生了餐館及糕點鋪。

這裡也不能不提天才甜點師卡漢姆（Marie-Antoine Carême）。由他所設計宛如工藝般精緻、造形美不勝收的甜點，對於現今的「法式甜點」有著極大的影響。再加上砂糖普及、冷藏技術進步，華麗的法式甜點便以都市為中心向外擴展開來。

另一方面，在法國大多數平民皆為天主教徒，而甜點則與宗教活動及儀式息息相關，因此大多使用生活當中容易取得的食材或當地特產，製作成簡單樸素的樣貌。

法國甜點在許多面向上，反映出了法國的歷史。除了外型華麗的法式甜點，也有著許許多多帶著各式各樣背景而生的鄉土甜點。在這些甜點之中，雖然也有些已經消失，但大部分仍由生活在那片土地上的人們所延續了下來，經過很長的時間後，仍然被深深喜愛。

甜點誕生之初的背景

一款甜點在誕生之前，有著種種背景。
只要知曉其背景，這道甜點嘗起來的滋味也將更深刻動人。

靈活運用當地特產

當地的農作物或優質的乳製品，自然而然成為製作點心的材料，例如洛林的黃香李或是佩里戈的核桃。針對栽種或製造方法直到最終品質，法國國內制訂了 AOC 產地認證標章，而 AOP 則是歐盟層級的產地認證標章。自 2012 年起，除葡萄酒以外，都採歐盟層級的 AOP 產地保護認證。

誕生於修道院的甜點

在中世紀時期，修道院作為生產甜點的重要場所，同時必須嚴守戒律，達到自給自足的生活。當時的修道院有著豐富的資金，也擁有尚未普及的烤爐，同時能夠購買價格高昂的砂糖，因此具備了製作甜點的環境條件。誕生於修道院內的甜點，於法國大革命之後開始外傳至民間。

與天主教的儀式活動有關

原本在天主教的宗教儀式裡，使用的是麵包或小型的烤餅乾類。這些供品也包含平時就已在食用的點心。科西嘉島的嘉尼斯特里餅乾就是一個例子。最具代表性的節日活動是復活節（Pâques）及聖誕節（Noël），在其他節日也保有享用甜點的習慣。

受到外國影響

因為十字軍東征，從東方國度帶回了香料；或是由於戰爭緣故進而占領領土，之後該國的飲食文化便傳入法國等等。此外，諸如以義大利的梅迪奇家族為代表，從鄰國迎娶王妃進而傳入嶄新的飲食文化，也有著極大的影響。其他還有經由貿易手段，採購遙遠國度的食材等等，都為甜點的誕生帶來極大的貢獻。

因為意外或巧合而誕生

就像翻轉蘋果塔一樣，也有因為巧合或錯誤在偶然之下誕生，其美味就這樣被延續下來而變成一道傳統甜點。緊急由女傭代打上場擔任甜點師而誕生的瑪德蓮小蛋糕、試著把乾掉變硬的麵包浸泡在酒裡，變身成為一道美味點心的巴巴，都是在巧合的情形下誕生。

從傳說或歷史典故而來

根據當地流傳的傳說，再加上故事點綴後變成一道點心。普羅旺斯一帶有基於聖母瑪利亞的傳說而誕生的小扁舟餅，里昂枕頭糖則是根據里昂當地的傳說而來。此外例如羅馬教宗庇護六世逝世於瓦朗斯，當地因而誕生了瑞士傭兵模型的酥餅，就是因為歷史典故所衍生出來的點心。

各地區甜點的特色

使用生長在富饒土地上的農產品或品質優異的乳製品，靈活運用後所誕生的甜點，充滿著當地的色彩。在此簡單介紹法國各地區甜點的特色。

France

* 法國北部地區指的是皮卡地、北加萊海峽。法國中央地區指的是中央羅亞爾河谷。法國中東部地區指的是勃根地、隆河－阿爾卑斯、法蘭琪－康堤、香檳－亞爾丁。法國西南部地區指的是普瓦圖－夏朗德、亞奎丹、南部－庇里牛斯、利穆贊、巴斯克。法國南部地區指的是朗格多克－魯西永、普羅旺斯－阿爾卑斯－蔚藍海岸。

法蘭西島、法國北部地區＊

P26

首都巴黎（Paris）位於法蘭西島，擁有許多造型華麗的甜點，種類豐富。皮卡地、北加萊海峽則以當地名產的甜菜糖來製作點心，有許多種類和鄰國的比利時共通。

洛林

P60

以當地特產黃香李所製成的水果塔及誕生於修道院內的點心最為知名。18 世紀時統治此地區的美食家洛林公爵史坦尼斯拉斯一世（Stanislas Leszczynski）帶來了瑪德蓮及巴巴等點心的故事，常為人津津樂道。

中央地區＊、羅亞爾河

P88

羅亞爾河曾為布列塔尼公國，當時的首都在南特（Nantes），有許多甜點都能感受到歷史淵源，或是活用了因貿易而進口的食材。中央羅亞爾河谷的許多點心則使用了水果或穀物。

法國西南部地區＊

P120

這裡的名產是優質奶油及李子，沿海地區因為受到其他民族的入侵或貿易緣故所傳入的食材，也被活用於此地區的甜點之中。擁有獨特文化的巴斯克地區則是巧克力從西班牙傳入法國的起源。

亞爾薩斯

P44

由於長久以來處於德法兩國的領土爭奪區域，此地融合了兩個國家的特色。因此當地的甜點也受到大量德國元素影響。擁有優質的乳製品及水果，所製作出來的甜點或果醬也相當美味。

布列塔尼、諾曼第

P74

這兩個地區的許多甜點皆大量使用當地生產的乳製品來製作。布列塔尼多用當地名產—— 海鹽入味的鹹味奶油；諾曼第則有許多點心用上了蘋果。當地的特產相當頻繁地被活用。

法國中東部地區＊

P100

比起使用水果，這個區域的甜點多為使用奶油、麵粉或堅果類的樸素烘烤點心。整個法國都很流行的香料餅乾，就是從這個地區開始發展起來；也可以看見許多以布里歐麵包為基底所變化出的各式糕點。

法國南部地區＊、科西嘉島

P142

有許多點心使用了因當地溫暖氣候所栽種的杏仁或柑橘類，也看得到以橄欖油取代奶油的作法。此外，使用橙花水來增添香氣，也是當地甜點的特色。

和甜點相遇的地方

在法國，城市裡的任何角落都能遇見甜點。從小零食到特別節慶日的點心，讓我們來瞧瞧每種店鋪裡有著哪些美味樂趣。

甜點店 Pâtisserie

由擁有專門技術的甜點師（pâtissier）所製作的甜點專賣店。提供新鮮甜點、烘烤點心、巧克力……種類豐富。有些店家也同時販賣麵包及鹹食。基本上為外帶不提供內用。

麵包坊 Boulangerie

麵包專賣店。從最基本的長棍麵包，到隨時隨地都能輕鬆享用的閃電泡芙或法式布丁塔，也有許多就像日常生活裡的小零食般的點心，應有盡有。也看得到蛋糕甜點。

巧克力店 Chocolatrie

巧克力專賣店。板狀巧克力或一口大小的巧克力都有。此外，也有許多店家同時製作糖果蜜餞。有著高級感，也有許多人來此選購禮物。

糖果鋪 Confiserie

糖果專賣店，主要販售各式糖果、牛軋糖、牛奶糖等。許多店鋪皆可少量零售，除了自用，也很適合在此挑選禮品，相當受到歡迎。

茶館 Salon de Thé

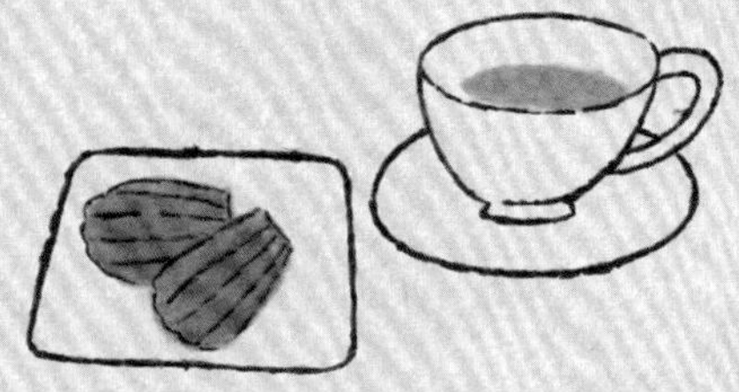

在布置優雅的環境裡，享用紅茶及甜點的地方。也有已經經營超過百年的老店。除了三明治類的輕食外，也能品嘗到有如甜點店販賣的新鮮甜點。

咖啡廳 Café

隨時都能輕鬆地進去喝一杯咖啡、點一塊蛋糕的地方。有些咖啡廳也會供應可以輕鬆以手剝開來直接吃的發酵點心，或是像烤布蕾這類簡單的點心。

餐廳 Restaurant

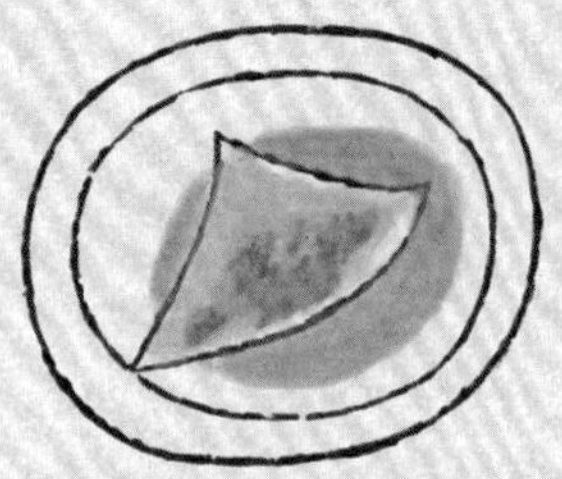

在餐酒館（bistro）裡可以看到巴巴或可麗餅，而在星級餐廳則能品嘗到充滿藝術風格裝飾的盤式甜點。在走傳統風格的餐館裡，則可以體驗到把琳瑯滿目的甜點擺放在點心推車上的風景。

傳統市集 Marché

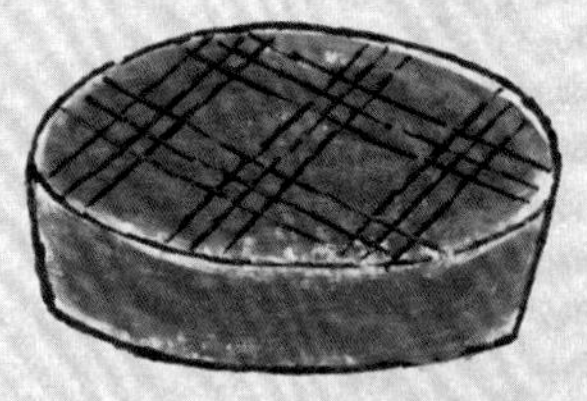

許多本地的麵包坊也會到市集來擺攤，販售當地代表的麵包或點心。在乳製品的攤位也可能找得到白乳酪塔。

超市、百貨公司
Supermarché / Grand magasin

在超市可以找到大廠牌的餅乾或巧克力，而百貨公司所蒐羅的商品則較為高級。此外，在巴黎的知名百貨公司裡可以找到豐富齊全的全法各地代表點心。

一般家庭 Famille

最常見的就是連烤箱也不需要的可麗餅，或利用剩餘麵包所做出的法式吐司。大多作法簡單、沒有過多裝飾，每個家庭也有專屬於自己的味道。

最具代表性的法國傳統甜點

這裡介紹不受限於鄉土甜點的範疇，在全法國各地的甜點店都能看得到的代表性傳統甜點。

閃電泡芙
Éclair

使用泡芙麵糊所製作的點心之一。在細長型的泡芙裡擠入奶餡，表面淋上巧克力或糖霜。最具代表的兩種口味為咖啡及巧克力。據說發明者為 19 世紀中葉的里昂甜點師。

Données Ⓒ新鮮甜點 Ⓟ泡芙麵糊 Ⓢ甜點奶餡、翻糖 Ⓜ奶油、雞蛋、砂糖、麵粉、牛奶、鹽、翻糖、咖啡、巧克力等

歌劇院蛋糕
Opéra

以巴黎的歌劇院觀眾席為靈感所設計的巧克力蛋糕。在巧克力口味的杏仁海綿蛋糕基底裡混合了咖啡糖漿，層疊上甘納許及咖啡口味的奶油霜，表面以巧克力及金箔裝飾點綴。最初的發想來自巴黎的甜點店「Dalloyau」。

Données Ⓒ新鮮甜點 Ⓟ杏仁海綿蛋糕麵糊（biscuit joconde） Ⓢ奶油霜、甘納許、巧克力淋面 Ⓜ奶油、雞蛋、砂糖、杏仁、麵粉、牛奶、鮮奶油、巧克力、咖啡、金箔

蒙布朗
Mont-Blanc

原意為「白色的山」，指的是阿爾卑斯山脈的蒙布朗。原型為義大利的家庭點心，巴黎的茶館「Angelina」則提出把栗子奶餡擠在蛋白霜餅乾上的作法。在日本看到的同名甜點，則是東京的「MONT-BLANC」第一代店主的獨創。

Données Ⓒ新鮮甜點 Ⓟ蛋白霜 Ⓢ打發鮮奶油、栗子奶餡 Ⓜ蛋白、砂糖、鮮奶油、栗子醬

千層派
Millefeuille

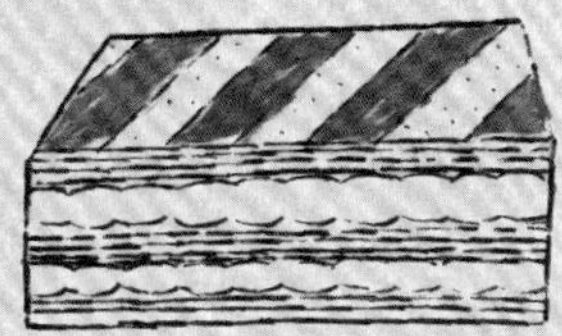

法文的原意為「千片葉子」。在數層重疊的派皮裡夾入甜點奶餡。傳統作法會在表面做翻糖處理，再加上箭羽紋路。這款點心的發明者有一說是甜點師卡漢姆，也有一說是來自巴黎巴克街（rue du Bac）的甜點店。

Données Ⓒ新鮮甜點 Ⓟ千層派皮麵團 Ⓢ甜點奶餡
Ⓜ奶油、雞蛋、砂糖、麵粉、牛奶、鹽

法式布丁塔
Flan Pâtissier

在塔皮內倒入甜點奶餡後以烤箱烘烤，是法國相當具有代表性的點心。常見於店頭或一般家庭。從中世紀以來就已經存在，據說原先是一道料理，後來演變成甜點。在英國或其他國家也有類似的點心。

Données Ⓒ烘焙點心 Ⓟ酥脆塔皮麵團 Ⓢ甜點奶餡
Ⓜ奶油、雞蛋、砂糖、麵粉、牛奶、鹽、香草莢

洋梨塔
Tarte Bourdaloue

據說是 19 世紀中葉，由巴黎的甜點師法斯坎（Fasquelle）所創作。在店鋪鄰近的教會牧師名叫達魯（Bourdaloue），因為他的布道演說時間很長，所以法斯坎幻想著信眾應該會想偷偷溜出來吃塊蛋糕吧，因而創作了這道甜點。

Données Ⓟ甜酥麵團或酥脆塔皮麵團
Ⓢ杏仁奶油餡或杏仁奶餡（crème frangipane）
Ⓜ奶油、雞蛋、砂糖、杏仁、麵粉、牛奶、洋梨

法式草莓蛋糕
Fraisier

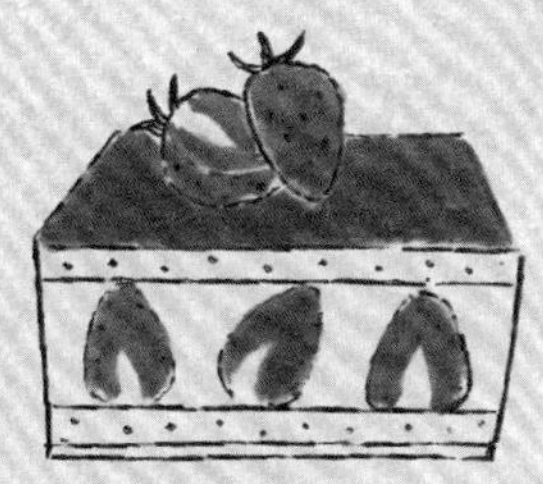

法國版的草莓蛋糕，顧名思義就是以草莓為主角的一款甜點。在海綿蛋糕之間夾入大量的草莓及慕斯林奶餡。傳統作法會在表面覆蓋一層杏仁膏，近年來則多以果凍來裝飾。

Données Ⓟ傑諾瓦思麵糊或杏仁海綿蛋糕麵糊
Ⓢ慕斯林奶餡 Ⓜ奶油、雞蛋、砂糖、杏仁、麵粉、牛奶、草莓

甜點的材料

這裡介紹法國的鄉土甜點所使用到的基本食材。
要注意的是即使材料相同，也會因為季節或產地的不同而有所差異。

奶油
Beurre

由牛奶的脂肪提煉而成。在法國一般常見的是經由乳酸發酵後的發酵奶油，在甜點製作上多使用無鹽奶油。主要產地為諾曼第地區或普瓦圖－夏朗德地區。

橄欖油
Huile d'olive

以橄欖果實製作的植物油。富含不飽合脂肪酸，和其他的油脂比起來其特性較不易酸化，也不容易結塊。法國南部面臨地中海，當地多使用橄欖油來製作點心。

雞蛋
Œuf

蛋黃有結合油脂及水順利乳化的作用，蛋白則有氣泡性，經過攪拌後會發泡。而且蛋黃或蛋白在加熱後都會凝固。依照點心種類不同，會使用到全蛋或蛋黃，蛋白則可直接使用或打發後使用。

白砂糖
Sucre

從植物裡提煉出所含糖分結晶而成。原料多為甘蔗或甜菜（甜菜根）。法國的甜點大多使用質地輕盈、甜度清爽不膩的細砂糖。

未精製糖
Sucre non raffiné

在砂糖精製的過程中，把蔗糖以外的其他成分也保留下來而成。富含礦物質，香氣獨特且濃郁。常見種類有紅糖（sucre roux）、蔗糖（cassonade）、北法名產棕糖（vergeoise）等。

蜂蜜
Miel

在人類有歷史之前就已經被用來當成天然的甜味劑。花蜜經由蜜蜂體內所分泌的酵素，轉化成葡萄糖及果糖，依據採集花蜜的植物種類不同，蜂蜜的風味也會有所差異。有保濕效果，用於烘焙點心可達到濕潤的口感。

鮮奶油
Crème fraîche

把牛奶的乳脂濃縮後的成品。在日本鮮奶油的乳脂含量要超過18%，法國則規定必須超過30%。除了有液狀質地外，也有脂肪含量較高、質地濃稠的重乳脂鮮奶油（crème double），以及經由乳酸發酵的法式酸奶油（crème épaisse）。

乳酪
Fromage

分為天然乳酪及加工乳酪兩類。原料為牛奶、山羊奶、綿羊奶、水牛奶等。法國的甜點經常使用沒有熟成的乳酪「白乳酪」（fromage blanc）。

堅果類
Fruit sec / Fruit à coque

杏仁、核桃、開心果、松子及榛果等。用法有直接使用、磨成粉末或做成抹醬狀、做成帕林內（praliné）等。雖然能增添風味，但由於含有油脂的關係，容易變質酸敗，不適合長期保存。

（小麥）麵粉

Farine de blé

將小麥的種子壓碎後，把外皮、胚芽篩開後再製成粉末狀。在日本，依照蛋白質含量分成低筋、中筋及高筋麵粉；在法國則是以灰份質分成 type 45、type 55 等。

黑麥粉

Farine de seigle

黑麥和小麥同為禾本科一年生草本。由於麩質含量少，作為麵包材料時會和麵粉混合使用。混用了黑麥粉的麵包，顏色會偏深棕色，味道也微酸，可以放置多天味道不變。當成點心材料時，會用於香料麵包。

酵母

Levure

有專門培養適合用於麵包發酵的麵包酵母，也有利用天然水果或穀物培養的天然酵母。在製作發酵麵團時，可以有效促進麵團的發酵效果，或是優化風味。

巧克力

Chocolat

可可豆烘炒後，磨碎變成可可膏，再和砂糖、可可粉平均混合後，就是巧克力。黑巧克力含有可可成分超過35%，規定除了可可脂以外不能含有其他油脂。

蕎麥粉

Farine de sarrasin

由蕎麥的果實磨碎成粉末狀。直到 19 世紀末期，蕎麥都是布列塔尼及諾曼第地區人們的主要食物。在法文裡意思為「撒拉森人（中世紀歐洲人稱呼伊斯蘭教徒的名稱）的粉」。

鹽

Sel

有從海水分離出來的海鹽，以及在地底結晶形成的岩鹽。依照顆粒大小分為不同種類。在產鹽地區布列塔尼，許多點心會加入鹽或使用含鹽奶油來製作。

香草莢

Vanille

蘭科植物，因為熟成而散發出香甜氣味。除了打開香草莢除出裡面的香草籽，加入牛奶或醬汁內加熱之外，也可以製成香草精，或是乾燥後做成粉末。以馬達加斯加、大溪地所產的香草莢最為有名。

果乾

Fruit séché

水果自然風乾或以烤箱烘乾後的成品。如無花果、蘋果、洋梨、李子、葡萄乾等，種類豐富。可混合於麵團、麵糊中，也可以作為最後裝飾使用。還可浸泡在酒裡，軟化的同時並增添風味。

栗子粉

Farine de châtaigne

栗子經過乾燥後，去除外部硬殼及中間的薄膜後，磨成粉狀。生長於貧脊土地上的栗子樹，在科西嘉島被用來做成麵包或蛋糕等，對於當地料理來說相當珍貴。在日本則較容易買到義大利產的栗子粉。

香料

Épice

將植物的葉子或種子等乾燥後而成，用在甜點裡可以增添香氣，也可提高防腐效果及殺菌作用，同時還有促進食慾的好處。常見有胡椒、丁香、香草莢、茴芹、辣椒等，種類繁多。

酒

Alcool

水果或穀物等原料內含的糖分，經由發酵轉變成酒精後的成品。可分為蒸餾酒、釀造酒、利口酒等類別。在甜點製作上多使用以甘蔗為原料製成的蘭姆酒，或以櫻桃為原料製成的櫻桃利口酒。

新鮮水果

Fruit frais

新鮮水果除了直接生食外，也可製成糖燉水果、果醬、果凍、果泥、酒漬後變成一道甜品，或用於甜點製作之中。各式水果塔或克拉芙緹，就是簡單地加入水果後直接烘烤而成。

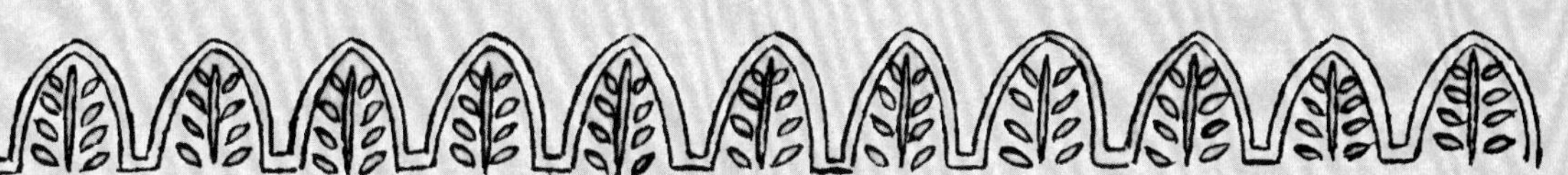

甜點的基礎麵團及麵糊

法國點心的麵團及麵糊，基本上是由奶油、砂糖、雞蛋、麵粉所混合而成。其配方或作法會根據不同類型的甜點而有所變化。

塔皮

甜酥麵團

Pâte sucrée

特色為甜味、口感酥爽。麵團鋪於模型底部，作為各式塔皮之用，也可以直接烘烤。「sucrée」意為甘甜。

塔皮

沙布列酥皮

Pâte sablée

用於製作餅乾或沙布列。由於材料之間的結合力較弱，是比甜酥麵團還要脆口、酥鬆的揉合麵團。把麵粉、砂糖、奶油攪拌混合成奶酥狀，最後加入雞蛋，再快速揉拌均勻。

塔皮

酥脆塔皮麵團

Pâte brisée

攪拌混合而成的塔皮。幾乎沒有甜味，口感接近千層派皮的爽脆。只是烘烤後不像千層派皮會膨脹開來，因此多用於鋪在模型底部作為塔皮之用。

泡芙

泡芙麵糊

Pâte à choux

用於閃電泡芙或修女泡芙。特色是烘烤前先把麵糊加熱，使麵粉內的澱粉產生糊化效果。也因為這個步驟，烘烤成形時會膨脹而形成空洞。

派皮

千層派皮麵團

Pâte feuilletée

層層疊疊的派皮。在基本揉和麵團（détrempe，把麵粉混入水及鹽後成團）裡反覆疊上奶油後折起，重複這個動作就會製作出多層效果，口感酥脆清爽。

奶油基底

蛋糕麵糊

Pâte à cake

基本作法為混合相同分量的奶油、砂糖、雞蛋、粉類。由於奶油含量較高，麵糊完成後質地濕潤，味道香濃。加了糖漬（或酒漬）的水果乾，就是水果蛋糕（cake aux fruits）。

海綿蛋糕

傑諾瓦思麵糊

Pâte à génoise

以整顆雞蛋打發的方法所製作的海綿蛋糕麵糊。口感細緻濕潤，在日本多被用於製作草莓鮮奶油蛋糕。在法國多用於黑森林蛋糕、法式草莓蛋糕。

海綿蛋糕

比思科麵糊

Pâte à biscuit

以分蛋法（蛋黃及蛋白分別打發）製作的海綿蛋糕麵糊。流動性差，多用於擠出後再烘烤的甜點。夏洛特蛋糕（charlotte）的組成元素之一，也可以直接烘烤後當成烤餅乾類的點心享用。

可麗餅

可麗餅麵糊

Pâte à crêpe

使用於可麗餅或薄煎餅（pannequet，將奶餡或果泥等食材包裹捲起的薄餅）。流動性高，可以用平底鍋煎成。在變化上也可以像克拉芙緹一樣，倒入陶器內再以烤箱烘烤。

蛋白類

達克瓦茲麵糊

Pâte à dacquoise

用來製作達克瓦茲的麵糊。在打發蛋白霜裡加入杏仁粉及砂糖，口感輕盈又香濃。在法國，這款麵糊除了用於達克瓦茲外，也會作為蛋糕底座使用。在日本則多用於達可瓦茲。

蛋白類

成功蛋糕麵糊

Pâte à succès

用來製作成功蛋糕的麵糊。在打發蛋白霜裡加入杏仁粉及砂糖後烘烤，口感輕脆乾燥。也會作為別種蛋糕的底座使用。「succès」是成功的意思。

蛋白類

蛋白霜

Pâte à meringue

蛋白霜主要分為3大類。只以蛋白加砂糖打發的是法式蛋白霜，在蛋白裡加入117～121°C的糖漿後打發的是義式蛋白霜，混合蛋白及砂糖後隔水加熱至50°C後再打發的是瑞士蛋白霜。

蛋白類

馬卡龍麵糊

Pâte à macarons

製作馬卡龍專用。一般是以法式蛋白霜或義式蛋白霜為底，再加入杏仁粉後製作。最後混合成恰到好處的硬度，這個步驟稱為macaronage。

妃樂

妃樂麵團

Pâte à filo

以麵粉、水、有些時候會加油來製作，是一款相當薄的麵團。據說發源地為希臘或中東地區，包入內餡後再油炸或烘烤，也會以蒸的方式處理。「filo」在希臘文是樹葉之意。

發酵麵團

可頌麵團

Pâte à croissants

可頌專用麵團。以發酵麵團包住奶油後，反覆折疊、擀平製作出層次。裡面包巧克力的叫做巧克力麵包（pain au chocolat），跟甜點奶餡捲在一起就叫做蝸牛麵包（escargot），可運用於多種不同的作法造形。

發酵麵團

布里歐麵團

Pâte à brioche

布里歐麵包的專用麵團。和普通的麵包相比，奶油及雞蛋的比例高出許多。可以處理成各種形狀，也因而有各種名稱。由於配方用料相當豪華，也常用於甜點底座。

發酵麵團

咕咕洛夫麵團

Pâte à kouglof

咕咕洛夫專用的發酵麵團，屬於布里歐麵團的變化版。加入葡萄乾使其發酵。也可以加入培根或核桃，做成鹹口味的咕咕洛夫（kouglof sale）。使用專屬的陶瓷模型，可以烤得鬆軟有彈性。

發酵麵團

巴巴麵團

Pâte à baba

巴巴專用的發酵麵團。雖然是布里歐麵團的變化版，由於含水量高、質地柔軟，在麵團最後成形階段，需要用到擠花袋才能完成。有時候會加入葡萄乾。也稱為薩瓦蘭麵團（pâte à savarin）。

關於奶餡、醬汁與裝飾

對於甜點最後的裝飾扮演關鍵角色的奶餡及醬汁。在為甜點裝飾的同時還能帶來光澤度，也有保持風味、防止乾燥的作用。

奶餡

杏仁奶油餡

Crème d'amandes

杏仁口味奶油餡，是法國甜點中很基本的一款奶餡。由於配方大多為奶油混合杏仁粉，香氣明顯口感濃郁。可以擠在塔皮上，或用於製作國王派。

奶餡

香緹鮮奶油

Crème chantilly

在打發好的鮮奶油裡加入砂糖的成品。可以添加香草莢的香味，有些時候也會加入吉利丁。打發後的鮮奶油稱為「打發鮮奶油」（crème fouettée）。

奶餡

奶油霜

Crème au beurre

奶油做成的奶餡。依照用途的不同，會做成英式奶蛋醬，或是蛋黃、蛋白、全蛋分開打發後再加入。多用於裝飾蛋糕，或製作達克瓦茲、馬卡龍。

奶餡

甜點奶餡

Crème pâtissière

也稱為卡士達醬。可直接使用，或和打發鮮奶油、奶油霜混合後使用。如果加了咖啡或巧克力，味道也會改變。原文意為「甜點師的奶餡」。

奶餡

慕斯林奶餡

Crème mousseline

在甜點奶餡裡加入奶油，攪拌成質地輕盈的奶餡。「mousseline」意即輕盈細緻的口感。用於巴黎－布列斯特、法式草莓蛋糕等。

奶餡

希布斯特奶餡

Crème Chiboust

在甜點奶餡裡，加入吉利丁、義式蛋白霜的一款奶餡。口感極度輕爽。「希布斯特」（Chiboust）是發明這款奶餡的甜點店名。因為用於聖多諾黑，也被稱為「聖多諾黑奶餡」（crème à Saint-Honoré）。

奶餡

外交官奶餡

Crème diplomate

混合了甜點奶餡及打發鮮奶油的一款奶餡。口感極度輕爽。「diplomate」意即外交官。多用於泡芙內餡或水果塔。

奶餡

檸檬奶餡

Crème au citron

檸檬口味的奶餡。使用檸檬汁及檸檬皮，滋味酸甜的一款奶餡。會用於檸檬塔，也會和甜點奶餡做混合，用法很靈活。

奶餡

甘納許

Ganache

以巧克力為基底的一款奶餡。牛奶、鮮奶油溫熱後加入巧克力混合而成。也可以加入奶油。據說是1850年左右，由巴黎的甜點店所發明。

醬汁

英式奶蛋醬

Sauce anglaise

即英語中的卡士達醬。製作時必須以小火持續加熱，利用雞蛋遇熱凝固的特性，做出質感濃稠的醬汁。由於滋味溫和不搶味，因此被用於許多種類的甜點裡。也經常以香草莢或酒來增加香味。

醬汁

焦糖醬

Sauce au caramel

焦糖口味的醬汁。以焦化後的砂糖作為基底，加入鮮奶油或水用以增加流動性。有的作法會加入奶油，來增添味覺上的層次感。焦糖的特色是微苦，會用在可麗餅這類的點心上。

醬汁

水果醬

Sauce aux fruits

水果做成的醬汁。含有水果泥或果汁糖漿。也會用香草莢或酒來增添風味。大多是在甜點旁邊搭配食用，運用自然的顏色、豐富的色彩，讓甜點看來更吸引人。

醬汁

巧克力醬

Sauce au chocolat

巧克力口味的醬汁。在切碎的巧克力裡，加入溫熱後的牛奶或鮮奶油，混合直到質地變得柔滑為止。以砂糖來調整甜度，也會以香草莢或酒來增添香氣。

醬汁

沙巴雍醬

Sauce sabayon

使用白葡萄酒或瑪薩拉酒（Marsala wine），以蛋黃為基底的發泡甜醬。由於不加砂糖，也會在一般料理中使用。據說來自義大利。

其他

炸彈麵糊

Appareil à bombe

把蛋黃和糖漿在加熱的同時打發，口感清爽、滋味香濃。可以和打發鮮奶油混合後做成芭菲（parfait），或是和奶油霜混合也行。另一別名是 pâte à bombe。

其他

焦糖

Caramel

把砂糖加熱後焦化的成品。依照用途的不同，煮焦的方式、焦化的程度也會不同。也會用於黏合泡芙組成的甜點，例如聖多諾黑。

其他

堅果

Fruit à coque / Fruit sec

新鮮堅果可以處理成顆粒狀或粉末狀，或和砂糖攪拌混合後變成杏仁膏（pâte d'amande）使用。烘烤過後的堅果，可以焦糖化後做成帕林內，也可做成糊狀。

裝飾

淋面

Glaçage

砂糖做成的薄膜。在翻糖（fondant）、液態糖霜（glace a l'eau）、皇家糖霜（glace royale）等都看得見，和甜點有多種不同方式的結合。可以增加色澤或風味，也有檸檬或咖啡口味的多種變化。

裝飾

糖粉

Sucre glace

細砂糖磨成粉末狀的成品。為了不吸收濕氣，有些成品會混合 2 ～ 3% 的玉米粉。可用於甜點裝飾，或是在送入烤箱前灑在海綿蛋糕這類的麵糊上。

裝飾

杏桃果醬

Confiture d'abricots

以杏桃果肉做成的果醬。可以刷在磅蛋糕或水果塔這類的烘烤點心表面，除了加上杏桃氣味之外，也能增添光澤度、防止乾燥。

◎法國地圖

・本書所介紹甜點的主要地區名。
・本書使用的地方區分以所介紹的甜點為基準，和法國目前的行政區分有所不同。

法國
鄉土甜點

法國人非常喜歡甜點。
因著各地不同風土及歷史而誕生的點心，
都是簡單樸素，卻滋味不同凡響。
無論歷經多少時代，依然維持著傳統，
被人們製作、深愛著的甜點，
讓我們從其背後的故事一起認識它們。

1

Ile-de-France
Picardie
Nord-Pas-de-Calais

法蘭西島
皮卡第
北加萊海峽

地區特色

法蘭西島以巴黎為中心向外擴散半徑約 150 公里左右，被塞納河及其支流所圍繞。從10世紀的「卡佩王朝」開始，便以這一帶為中心向外擴張勢力。12 世紀時巴黎成為首都，同時也是學術及宗教的據點。中世紀以後陸續增建了城市及大教堂，演變成為政治、文化及經濟中心，蓬勃發展。

皮卡第及北加萊海峽位於法國的北部，這兩個地區在歷史上皆經歷過百年戰爭及世界大戰，如今則因其肥沃的土壤而受到重用，是蔬菜、小麥及甜菜根的種植大區。皮卡第地區從中世紀開始便因位處交通要衝而繁榮發達，亞眠（Amiens）的聖母院相當知名。位於法國最北端的北加萊海峽，曾經和荷蘭南部與比利時西部合屬於佛蘭德地區（Flandre），也因此受到鄰國文化的影響深遠。

飲食文化特色

由於首都巴黎就位在法蘭西島，人口或物品的往來相當繁盛，許多料理都是從這裡誕生。再者，因為從鄰國如義大利、奧地利等國的王妃嫁入法國皇室，也帶來了奢華的宮廷文化及飲食風格，其發展大大影響了後世。法國大革命之後，曾經任職於皇宮裡的廚師或甜點師轉而在民間活躍了起來，這便是造就現今「法國＝美食」這種印象的緣由。雖然樸素的點心很多，不過像歌劇院蛋糕或馬卡龍這類華麗的甜點，仍然很吸睛。

法國北部的飲食文化和比利時有相當多連結。由於當地氣候不利於葡萄栽種，因此盛行釀造啤酒，也會用於燉煮的食物之中。農業十分發達，尤其盛產菊科蔬菜菊苣，可用於料理、咖啡或花草茶之中。還有當地的知名甜點：砂糖塔、夾心格子鬆餅，皆是使用當地盛產的甜菜根為原料所提煉的棕砂糖所製作。

巴黎－布列斯特
Paris-Brest

以車輪為靈感的獨特圓圈造形

法國每年都會舉辦世界知名的自行車競速賽事「環法自由車賽」（Le Tour de France），是一個自行車競技盛行的國度。其中來回巴黎到布列塔尼地區布雷斯特的「Paris-Brest-Paris」，是 1891 年開始舉辦、歷史最悠久的知名自行車賽事。來回距離 1,200 公里，是相當激烈嚴苛的挑戰。以往比賽僅限專業車手參加，如今則是每四年舉辦一次，市民得以參加的比賽。

關於甜點誕生的故事眾說紛云，據說巴黎－布列斯特是由發明這項自行車比賽、同時本身是一名記者的皮耶．吉法（Pierre Giffard），要求甜點店「Pâtisserie Durand」的甜點師路易．杜杭（Louis Durand）所創作出來的成品。1910 年，這款以自行車車輪為造形靈感的甜點，就此誕生。

結構十分簡單，以泡芙及帕林內組合而成。首先，把泡芙麵糊擠出成圓圈狀，灑上杏仁後送入烤箱。冷卻後水平橫向對等切開，以帕林內做成夾心。有些作法會在帕林內裡放入烤得較細的泡芙，以增加厚度，使甜點達到最好的平衡感。

夾心的帕林內，一般來說是以甜點奶餡混合奶油霜變成的慕斯林奶餡，有些作法會加入蛋白霜，強調出輕爽的口感。近年來，法國本地的甜點也有輕爽傾向，所以也會見到夾心是鮮奶油或水果的變化版。但說實話，這款甜點如果不是用濃郁的帕林內做夾心，就不像巴黎－布列斯特了呀。（甜點製作：Pâtisserie Yu Sasage）

1. 夾心內含有泡芙的版本。2. 為了增加厚度，泡芙以二段的形式擠出。3. 一人份的小尺寸巴黎－布列斯特。

Données

Ⓒ 新鮮甜點
Ⓟ 泡芙麵糊
Ⓢ 慕斯林奶餡
Ⓜ 奶油、雞蛋、砂糖、杏仁、帕林內、牛奶、麵粉、鹽

「對話」糖霜杏仁奶油派
Conversation

酥酥鬆鬆、咔滋咔滋……就像談天說地般的聲音

誕生於 18 世紀末，法文名稱意即「對話」的一款點心。關於它的起源故事有許多版本。一說是從德皮奈夫人（Mme. d'Epinay）的暢銷小說《愛蜜莉的對談》（*Les Conversations d'Émilie*）而來；一說是因為吃這款甜點時所發出的聲響，彷彿在跟人對話似的；還有一說是吃了這款點心，聊天時會更熱鬧有趣。

在模型裡鋪上派皮麵團，上面填滿杏仁奶油餡，或是杏仁奶油餡和甜點奶餡的混合。然後再以派皮麵團加蓋，表面覆蓋皇家糖霜。最後再交錯加上細長形的派皮，送入烤箱。雖然也有大尺寸的「對話」糖霜杏仁奶油派，但用尺寸小巧的小淺盤模型，烤出來會有著圓滾滾的外觀，相當可愛。和主顯節（Épiphanie）的國王派（P118）作法幾乎相同，不過因為覆蓋了糖霜再烘烤，口感變得更酥脆，吃起來的感覺也就不同。無論是奶油的醇香或杏仁的濃郁都能在這道點心裡盡情享用，徹底表現出法國甜點的美味之處。（甜點製作：ARCACHON）

酥脆的派皮，配上濕潤柔軟的杏仁奶油餡，吃得到不同口感的撞擊。

Données

- Ⓒ 烘焙點心
- Ⓟ 千層派皮麵團或酥脆塔皮麵團
- Ⓢ 杏仁奶油餡、皇家糖霜
- Ⓜ 奶油、雞蛋、砂糖、杏仁、麵粉、鹽

新橋塔
Pont-Neuf

與歷久彌新的「Pont-Neuf」同名的甜點

Pont-Neuf 在法文裡即為「新橋」，而與其名恰恰相反的是，新橋是巴黎現存最古老的一座橋。連接塞納河兩岸，穿過號稱是巴黎發源地的西堤島。1578 年動工建造，於 1606 年舉行通橋典禮。橋中央有著竣工當時的國王亨利四世的騎馬雕像，充滿威嚴英姿。知名電影《新橋戀人》（*Les Amants du Pont-Neuf*）就是以此地為背景拍攝。為何會把這座橋取名為「新橋」，據說在當年僅有木造橋的時代，這是第一座以石頭打造的橋，因而得名。

而以新橋為名的甜點，乍見外形樸素，實則作工繁複。首先在模型裡鋪上派皮，之後填滿泡芙麵糊和甜點奶餡的混合物，表面再以細長的派皮做出十字交叉圖案。靈感來自於從空中俯看橫跨西堤島的新橋模樣。裝飾則是以糖粉和紅醋栗果醬表現出的紅白相間為最常見。

（甜點製作：ARCACHON）

1. 也有摻入水果的作法。
2. 巴黎最古老的橋，新橋。

Données

- Ⓒ 烘烤點心
- Ⓟ 千層派皮麵團或酥脆塔皮麵團
- Ⓢ 甜點奶餡、泡芙麵糊
- Ⓜ 奶油、雞蛋、砂糖、麵粉、牛奶、鹽、紅醋栗果醬

聖多諾黑
Saint-Honoré

與甜點店及麵包店的守護聖人相關的甜點

在法國，每種職業（例如花店、醫生、音樂家等）都有各自的守護聖人，聖多諾黑就是甜點師及麵包師的守護聖人的名字。這款甜點是在 1846 年時，由位於巴黎聖多諾黑大道上的甜點店「Chiboust」所創作誕生。由於這家店是發明了薩瓦蘭（Savarin）的甜點師奧古斯特．朱利安（Auguste Jullien）所擔任甜點師的店，也有傳言聖多諾黑就是由他所發明的。

據說最初的作法是使用布里歐麵團，之後才演變前現在我們看到的樣貌。先把派皮擀成圓形，再沿著圓擠入泡芙麵糊後，以烤箱烘焙。然後把淋上焦糖的小顆泡芙排列在表面，中央擠上和發明這款甜點的店家同名的「希布斯特奶餡」。以前的奶餡是以湯匙舀裝，如今大多使用聖多諾黑專用的花嘴擠出成形。使用花嘴擠出的奶餡富有立體感，讓甜點的美感更加脫穎而出。

（甜點製作：HYATT REGENCY TOKYO）

1. 近年來也常見擠上鮮奶油作為裝飾。2. 法國的甜點店裡，聖多諾黑多是一人份。

Données

- Ⓒ 新鮮甜點
- Ⓟ 千層派皮麵團、泡芙麵糊
- Ⓢ 希布斯特奶餡
- Ⓜ 奶油、雞蛋、砂糖、麵粉、牛奶、鹽

巴黎馬卡龍
Macaron Parisien

法國華麗甜點的最佳代表

聽說馬卡龍最初於 8 世紀時在義大利出現。1533 年，義大利的凱薩琳．德．梅迪奇嫁給了法國國王亨利二世，許多廚師因此跟隨著她遷移，而把馬卡龍帶進了法國。也有一說是在此之前法國便已有馬卡龍的存在了。在法國的其他地方也有馬卡龍（P42）。這些馬卡龍如今都還維持著跟當初誕生時差不多的樣貌，但巴黎的馬卡龍卻隨著時代變遷變得更加精緻。從原本只有 1 塊的馬卡龍變成 2 塊，再加上夾心的奶餡，據說是巴黎茶館「Ladurée」創辦人的徒弟皮耶．德楓丹（Pierre Desfontaines）的想法。如今的巴黎馬卡龍，也被稱為「柔滑馬卡龍」（macaron lisse），表面平滑有光澤，上了顏色的馬卡龍中間夾上奶餡或果醬。含有氣泡的馬卡龍麵糊要等表面乾燥後才能烘烤，其特色就是周圍會有一圈裙邊（pied）。華麗的馬卡龍就像是時髦的代名詞，如今就連鄉村地方也能輕鬆找到它的身影。

（甜點製作：Ryoura）

裝飾在甜點店門口的馬卡龍塔。

Données

- Ⓒ 新鮮甜點
- Ⓞ 受到外國影響而誕生
- Ⓟ 馬卡龍麵糊
- Ⓢ 奶油霜、甘納許
- Ⓜ 奶油、雞蛋、砂糖、杏仁、鮮奶油、巧克力、果泥等

尼芙蕾特
Niflette

名為「請別哭泣」的小派皮點心

普羅萬（Provins）從 12 世紀開始到 13 世紀為止都是香檳區的商業中心，相當繁榮。在香檳區領主的指示下，於此地開展大型市場，因而集結了許多不同國家的貿易商人，交易著棉綢織品、寶石、香料等貨品。進入 14 世紀後，因為被法國併入領土而急速衰退，普羅萬彷彿是被歷史洪流沖刷後的遺產。但令人欣慰的是，當地如今仍保有中世紀遺留下來的街道風景，2001 年聯合國教科文組織已把普羅萬列入世界文化遺產之中。且自古以來當地便以種植玫瑰聞名，玫瑰口味的蜂蜜或果醬這類甜品製作也相當盛行。

普羅萬在每年的 11 月 1 日諸聖節（Toussaint），會吃名為尼芙蕾特的傳統點心。一口大小的小派皮點心，作法是在派皮擠上以橙花水調味過的甜點奶餡，烘烤而成。命名是從拉丁文的「ne flete」（請別哭泣）而來。古時候有個習慣是會分送點心給孤兒們，據信是和這項習俗有關。（甜點製作：RITUEL par Christophe Vasseur）

酥脆的派皮，配上濕潤柔軟的杏仁奶油餡，吃得到不同口感的撞擊。

Données

- Ⓒ 烘烤點心
- Ⓞ 天主教的宗教儀式
- Ⓟ 千層派皮麵團
- Ⓢ 甜點奶油餡
- Ⓜ 奶油、雞蛋、砂糖、麵粉、牛奶、鹽、橙花水

香緹鮮奶油
Crème Chantilly

同名城堡所誕生的鮮奶油甜點

巴黎北方香緹伊市的香緹伊城堡（Château de Chantilly），據說就是香緹鮮奶油（以鮮奶油加上砂糖後打發的打發鮮奶油）的誕生地。16 世紀時建造完成，貴族孔代親王（Prince de Condé）曾經舉辦盡享美食的奢華晚宴，招待法王路易十四。當時現場的總指揮官，就是未來成為電影故事主角的法蘭索瓦．華泰爾（François Vatel）。香緹鮮奶油據說就是由他發明的。如今城堡已變成孔代美術館（Musée Condé），館內收藏的名畫數量號稱僅次於羅浮宮，而在美術館的介紹手冊上，便印有「香緹鮮奶油的發源地」。

也有另一個說法是，在文藝復興時期，伴隨亨利二世的王妃凱薩琳．德．梅迪奇一同來到巴黎的甜點師，就已經開始使用金雀花的花莖打發鮮奶油了。

這道甜點的作法很簡單，在冷卻的碗裡倒入鮮奶油、砂糖，攪拌打發直到鮮奶油的波浪紋路變得立體鮮明即可。（甜點製作：下園昌江）

1. 香緹伊城堡內的餐廳「Le Hameau」。2. 在這裡可以品嘗到香緹鮮奶油。

Données

Ⓒ 餐後甜點
Ⓜ 砂糖、鮮奶油

廚師帽蛋糕
Gâteau Battu

美食象徵的廚師高帽正是其特色

廚師帽蛋糕，是皮卡第地區尤其是索姆省（Somme）阿布維爾區（Abbeville）的特色點心，屬於布里歐麵包的一種。

外觀特色為表面呈暗棕色，裡面是明亮的金黃色，有著起伏的溝槽紋路，具有一定的高度。靈感來自於在皮卡第地區被視為美食的象徵——廚師的高帽子。

「Battu」在法文裡指的是「打發」（或「被攪打」）之意。據說最初是為了在麵團裡加入空氣、達到輕盈的口感，因此用手不斷地攪打似地混合麵團，由此而來。由於質地鬆散，非常地酥鬆柔軟，放入嘴裡就立刻分散開來。

廚師帽蛋糕的原型點心，於1653年時就確認已經存在。起源於法國北部及比利時一帶的佛拉蒙人（Flamand）稱其為「gâsteau mollet」（柔軟蛋糕）或是「pain aux œufs」（雞蛋麵包）。到了1900年左右，以「廚師帽蛋糕」這個名稱，成為皮卡第地區的代表性點心而聞名。

使用大量蛋黃及奶油的豪華食譜，曾經只有在婚禮或受洗等重要日子作為慶祝典禮才享用的特殊蛋糕，如今則是常見於早餐或下午茶的餐桌上。直接吃可享用到淡淡的香甜美味，也可隨喜好塗上果醬。

不同店家所製作的風味也各有特色，在皮卡第地區的亞眠傳統市集所販賣的廚師帽蛋糕，口感接近再鬆散一些的長崎蛋糕（castella），還帶有微微的酸度。1993年廚師帽蛋糕協會正式成立，一年舉辦一次比賽，努力推廣廚師帽蛋糕的普及化。

（甜點製作：Frédéric Cassel）。

1. 切成1～2cm厚度的片狀，能看見美麗的金黃色。
2. 亞眠的烘焙用品店所販賣的模型。

Données

Ⓒ 發酵點心
Ⓟ 布里歐麵團
Ⓜ 奶油、雞蛋、砂糖、麵粉、酵母、鹽

亞眠馬卡龍
Macaron d'Amiens

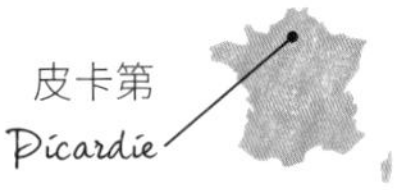

北部的馬卡龍，口感厚實且香濃

古都亞眠位於法國北部的皮卡第地區。這個城市有著知名的「亞眠馬卡龍」。雖說是 13 世紀後半就已經存在的點心，但其由來卻沒有定論。在亞眠，有一說是從義大利嫁來法國的亨利二世王妃凱薩琳．德．梅迪奇，將她的食譜直接傳授出來。

馬卡龍是以杏仁粉、砂糖、蛋白製作，但在這款馬卡龍裡，多加了蛋黃、蜂蜜還有糖煮蘋果或糖煮杏桃（或果醬）。把麵團推成長條的棒狀，再切開成厚度 2cm 左右的圓餅狀，之後烘烤。雖然形狀嬌小，不過麵團結構密實，所以口感略為黏牙，伴隨著杏仁的濃香在嘴裡擴散開來。1992 年在「巴黎世界甜點藝術大賽」的鄉土點心部門獲得優勝。位於市中心創立於1872年的「Jean Trogneux」甜點店，如今仍製作著傳統的馬卡龍。

（甜點製作：下園昌江）

世界遺產亞眠大教堂，相當知名。

Données

- Ⓒ 烘焙點心
- Ⓞ 受到外國影響而誕生
- Ⓟ 馬卡龍麵糊
- Ⓜ 雞蛋、砂糖、蜂蜜、杏仁、糖煮水果

凱蜜克麵包
Cramique

北加萊海峽
Nord-Pas-de-Calais

法國北部的傳統葡萄乾麵包

法國北部、比利時及盧森堡一帶的發酵點心，指的是加了葡萄乾或糖霜顆粒的布里歐麵包。佛拉蒙語稱為「kramiek」。至於這個名詞的語源則有許多種說法。在荷蘭的語源辭典中，「kramiek」在中世紀拉丁文的文字記載裡，寫作「credemicas」，之後隨著時代變遷慢慢變化而來。另外還有一說也相當有意思，是修道院在分送麵包時會說「crede mihi」（相信我）這個詞，因而從其演變而來。

以布里歐麵包為基底的發酵麵團，加入葡萄乾後，大多放在吐司麵包的模型裡烘烤。特色是會使用嬌小且帶酸味的科林斯葡萄乾（Corinth），但其他種類的葡萄乾也可以。也會在表面灑上糖霜顆粒後再烘烤。切片後塗抹奶油或果醬，可以當成早餐或點心，也可以搭配鵝肝醬一起享用。也有不加葡萄乾只灑糖霜顆粒的作法，稱為「craquelin」。（甜點製作：VIRON）

位於里爾（Lilloise），創業於1761年的老字號甜點店「Méert」所販賣的凱蜜克麵包，分量令人驚豔。

Données

Ⓒ 發酵點心
Ⓟ 布里歐麵團
Ⓜ 奶油、雞蛋、砂糖、糖霜顆粒、麵粉、酵母、鹽、葡萄乾

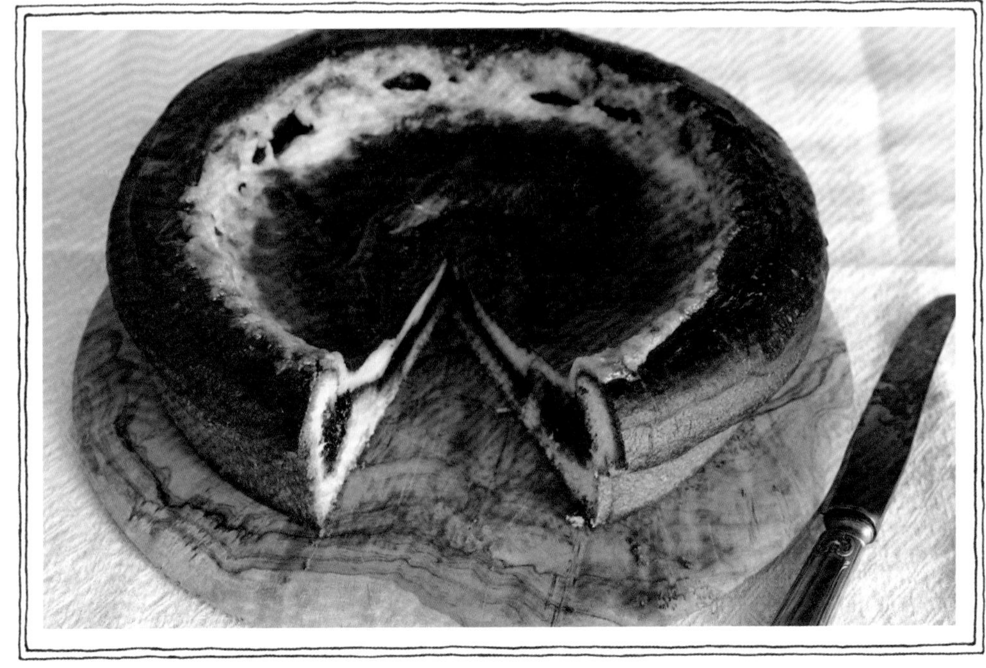

砂糖塔
Tarte au Sucre

北加萊海峽
Nord-Pas-de-Calais

當地特產的 vergeoise 砂糖就是主角！

這道點心就是以法文的原名直譯而來。將布里歐麵團擀成圓形，散放上棕砂糖和奶油後烘烤而成，而它的重點就是棕砂糖。

17 世紀起歐洲從西印度群島進口以甘蔗為原料的砂糖，但是在 1806 年時因為拿破崙的大陸封鎖政策而無法取得。因此，歐洲開始推廣種植甜菜根，法國北部便盛行甜菜根的種植及甜菜糖的製造。把甜菜糖精製的最後階段所剩下的糖液結晶化後，就成了棕砂糖，其獨特的風味及顏色是最大的特色，有明亮褐色的「金黃色」（blond）及深濃褐色的「金棕色」（brun）兩種。在法國北部及比利時，有許多點心會使用棕砂糖，例如香料餅乾斯派克洛斯（spéculoos）、夾心格子鬆餅（P41），這道砂糖塔也是其中之一。由於奶油是散放在表面上烘烤，有些地方會有點焦糖化，這也剛好變成點綴。有些作法還會加上鮮奶油或雞蛋。

（甜點製作：ARCACHON）

1. 雖然外型不同，但這也是砂糖塔。2. 斯派克洛斯餅乾。

Données

C 發酵點心
O 運用當地特產製作
P 布里歐麵團
M 奶油、雞蛋、砂糖、棕砂糖、麵粉、酵母、鹽

夾心格子鬆餅
Gaufre Fourrée

北加萊海峽
Nord-Pas-de-Calais

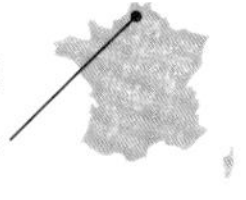

自古以來就是在小攤位上販賣的大眾口味

夾心格子鬆餅是以大量使用奶油的發酵麵團來製作，有著凹凸紋路的扁平點心。13 世紀左右，某位甜點師以蜂巢結構為靈感發明了有凹槽的模型，把從中世紀便存在的薄烤餅乾「烏布利」（oublie）以這款模型烘烤，便開啟了夾心格子鬆餅的起源。法文的動詞「gaufrer」意指刻花、浮雕，因此便把這道點心命名為 gaufre。

夾心格子鬆餅還有另一別名 waffle。waffle 有兩種，在其起源地的比利時是布魯塞爾風格──鬆軟輕盈的長方形，或是在日本流行的列日風格──質地密實的圓形。在北加萊海峽地區的夾心格子鬆餅，厚度偏薄，為橢圓形。出爐後剝開成 2 片，常見的是以特產棕砂糖或香草奶餡做成夾心。由製作這道點心而打響名號、位於里爾的甜點店「Méert」，率先於 1849 年創造出來。這是相當大眾化的一款點心，在傳統市集或祭典時都會販賣。因為誕生於里爾，也被稱為「里爾鬆餅」（gaufre lilloise）。

1. 里爾甜點店「Méert」的夾心格子鬆餅。2.「Méert」在巴黎的瑪黑區也有分店。

Données

- Ⓒ 烘烤點心
- Ⓞ 運用當地特產、宗教活動
- Ⓟ 鬆餅麵糊
- Ⓜ 奶油、雞蛋、砂糖、棕砂糖、麵粉、牛奶、酵母、鹽

Colonne

因地區而異的馬卡龍

遍及法國各地的馬卡龍。基本材料皆為簡單的蛋白、杏仁及砂糖，
但比例及作法有所差異，便造就了各式各樣的風味及口感。

法蘭西島

巴黎馬卡龍 Macaron Parisien

講到馬卡龍，大部分人想到的都是巴黎的馬卡龍「macaron parisien」吧。別名「macaron lisse」，最大的特色就是多彩繽紛的顏色。在蛋白裡加入砂糖後攪拌打發，口感蓬鬆柔軟。以奶餡或果醬作為夾心也是其特色之一。如今在巴黎以外的地區也很常見。

洛林

南錫馬卡龍 Macaron de Nancy

位於洛林地區的南錫，當地的馬卡龍是形狀扁平、外觀有裂紋的樣貌。外層脆硬，內側則濕潤柔軟，入口即能感受到豐富的杏仁香。烘烤時的烘焙紙會連同馬卡龍一起販賣，相當特別。

皮卡第

亞眠馬卡龍 Macaron d'Amiens

位於皮卡第地區的古都亞眠，當地的馬卡龍尺寸雖小，厚度卻將近 2cm。在基本材料外，會加上蛋黃、蜂蜜或果醬，把麵團揉成長條的棒狀，經過休息後再以刀子切開並烘烤。口感細緻黏牙。在亞眠當地，有一說是此食譜直接來自於凱薩琳．德．梅迪奇。

巴斯克

聖讓德呂茲馬卡龍

Macaron de Saint-Jean-de-Luz

巴斯克地區的聖讓德呂茲馬卡龍。據說是在1660年太陽王路易十四世和西班牙公主瑪麗·泰蕾莎的結婚典禮上，所獻上的一道點心。蓬鬆豐滿的金黃色馬卡龍，充滿濃濃杏仁香甜，有著讓人一口接一口的美味魔力。店家販賣時會直接一次裝好十幾片一盒。

亞奎丹

聖艾米利翁馬卡龍

Macaron de Sent Emilion

位於亞奎丹地區的聖艾米利翁，當地的馬卡龍外形平坦、表面有裂紋，口感緊緻。此地以紅酒產區聞名，據說作法裡會添加帶甜味的紅酒。起源據說為13世紀的聖烏蘇拉教會裡的修女所作，而聖艾米利翁則有間店鋪於1620年時繼承了此食譜。

中央羅亞爾河谷

科爾莫里馬卡龍 *Macaron de Cormery*

據說是在中世紀時期誕生於科爾莫里的修道院。關於它如同甜甜圈般中央有空洞的獨特造形，有個有趣的傳說。在當時受到認可的馬卡龍，都必須在外觀上有一眼就能認出的獨特性，因此在神明的指示下，做成這樣的形狀。以杏仁為輕盈的口感加上點綴，還有微妙的柳橙香氣。

普瓦圖－夏朗德

蒙莫里昂馬卡龍

Mdeacarons de Montmorillon

普瓦圖－夏朗德地區的蒙莫里昂馬卡龍。混合了杏仁及分量偏多的蛋白，擠成漩渦狀後烘烤。出爐後的形狀如同立體的花朵般，香氣迷人，口感柔軟略為黏牙。從17世紀開始便已存在，在蒙莫里昂當地有傳承了食譜配方的名店「Rannou-Métivier」。

2

Alsace

亞爾薩斯

地區特色

亞爾薩斯位於法國東北部，東邊有萊茵河與德國相隔，西邊則有孚日山脈，作為與洛林的分界。過往此地由於長期處於和德國的領土之爭中，從語言、建築風格到飲食習慣，都受到德國的影響。地區首都為史特拉斯堡（Strasbourg），有著被稱為是哥德式建築傑作的史特拉斯堡大教堂，也是此地區的代表象徵。此外還有歐盟議會總部也設置於此，在國際上也有相當非凡的存在意義。

沿著孚日山脈的東側斜面南北縱走的葡萄酒之路，能看到美麗的葡萄園風景，且沿著道路也有許多小巧可愛的村莊。

聖誕節期間，受到聖誕市集的源頭德國的影響，各地都會舉辦聖誕市集。販賣熱紅酒、烤栗子及點心的攤位櫛比鱗次，許多國外的觀光客也都慕名而來。

飲食文化特色

此區許多料理都和德國有共通性，香腸這類的加工肉品、發酵的酸菜（choucroute）、類似薄烤披薩的火焰薄餅（tarte flambée），都是常見的當地食物。還有當地的名菜白酒燉肉鍋（baeckeoffe），以專用的陶器裝入滿滿的洋蔥、馬鈴薯、以亞爾薩斯白酒醃漬過的肉類（羊、豬、牛等），再以烤箱加熱烹煮，做成亞爾薩斯版的馬鈴薯燉肉，是樸素中美味盡現的一道料理。

亞爾薩斯是葡萄酒產區，尤其以清爽好入口的白酒為多。這之中又以略帶甜味、口感豐富的格烏茲塔明那（Gewurztraminer）和咕咕洛夫最為合拍，會搭配著一起出現。此外啤酒的釀造也很風行。

甜點方面，像是林茲塔或白乳酪塔這類點心，特徵也是受到鄰國的影響。到了聖誕節期間，則可以看到貝拉維卡洋梨蛋糕、聖誕小餅乾、香料餅乾這類當地特色的點心出現。

咕咕洛夫
Kouglof

陶器的模型裡藏有美味的祕密

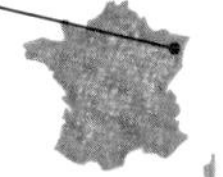

在亞爾薩斯的甜點店或麵包坊裡，一定看得見「咕咕洛夫」。在德國或維也納常見的是以磅蛋糕麵糊來製作，不過亞爾薩斯的作法特色則是在含有大量奶油的發酵麵團中加入葡萄乾，再倒入陶瓷材質的咕咕洛夫模型裡烘烤而成。陶器模型則是以亞爾薩斯北部的蘇夫勒南（Soufflenheim）所生產的最為知名。因為模型是陶器，導熱效果極佳，能夠烤得蓬鬆又好看。出爐後再灑上糖粉作為裝飾。

咕咕洛夫的名稱由來有許多說法。有一說是18世紀時從奧地利傳入，經由瑪麗．安東妮推廣至法國。咕咕洛夫也寫成「kugelhopf」，據說這是德文的「球」（kugel）結合「啤酒酵母」（hopf）而來。還有另一個德文名稱「gugelhupf」，據說是因為點心的外形與僧侶的「帽子」（gugel）相似而得名。

在眾說紛云之中，有一個流傳於亞爾薩斯里博維萊鎮（Ribeauvillé）的傳說最有意思。從前有一位名為庫格（Kugel）的陶藝師，某天晚上受到三位陌生人的請託，希望能夠留宿一晚，而他也相當親切地招待了旅人。其實，這三位陌生人是正在旅途中、前來為慶祝基督誕生的東方三賢者。在到達庫格家之前，剛巧在亞爾薩斯的孚日山脈，看見了在霍內克峰（Hohneck）山頭的積雪。為了感謝庫格招待，他們用一種非常罕見的模型做了一款點心，外型有如美麗的霍內克峰，再以砂糖裝飾宛如山頭的積雪一般。而這便是咕咕洛夫誕生的故事。

還有一款點心，和咕咕洛夫用了相同的麵團，只是裡面加了堅果或香料調味而製作的發酵點心，名為「朗格霍夫」（langhopf）。和咕咕洛夫一樣也是以陶器烘烤，只不過它的外型是縱長形，特徵是連續的突起紋路。

（甜點製作：BLONDIR）

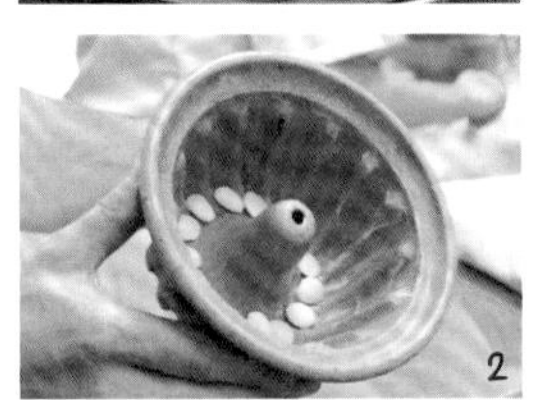

1. 斷面也像山的形狀。2. 模型內塗抹奶油後，再鋪上杏仁。3. 亞爾薩斯的知名甜點店「GILG」的縱長形朗格霍夫。

Données

Ⓒ 發酵點心
Ⓞ 受到國外影響而誕生、因傳說而誕生
Ⓟ 咕咕洛夫麵團
Ⓜ 奶油、雞蛋、砂糖、杏仁、麵粉、牛奶、酵母、鹽、葡萄乾

復活節小羊蛋糕
Agneau Pascal

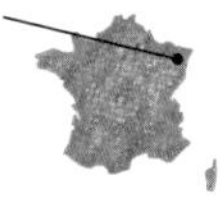

慶祝耶穌基督復活的小羊形狀蛋糕

對天主教徒來說，復活節是相當重要的宗教節日。這是耶穌基督在被釘上十字架死亡後，於第三天復活的日子。它也是一個日期不固定的節日。「春分後第一個滿月後的星期日」，也是 3 月底到 4 月下旬歡喜迎來春天的時節。

法國在這段期間，可在甜點店裡看見許多象徵多產的雞蛋、兔子及魚等形狀的點心糕餅。在亞爾薩斯地區除了以上那些，還會看到羔羊形狀的蛋糕「agneau pascal」（意即復活節的小羊）。為什麼是小羊呢？因為在猶太教祭日之一的「逾越節」（Pessah）中，有食用小羊肉作為祭品的習慣，以及耶穌基督本人為了拯救人們的罪惡，化身成「神的羔羊」替人們贖罪。

以分蛋打發法做成的海綿蛋糕麵糊，倒入專用陶器模型內烘烤，出爐後再灑上糖粉並打上緞帶蝴蝶結。此外，慶祝復活節用的插旗，也一定會用在小羊背上當成裝飾。（甜點製作：下園昌江）

1. 亞爾薩斯北部知名的製陶村莊蘇夫勒南。2. 在亞爾薩斯的跳蚤市場上，有時能看見模型。

Données

Ⓒ 烘烤點心
Ⓞ 天主教的宗教儀式
Ⓟ 比思科麵糊
Ⓜ 雞蛋、砂糖、麵粉

白乳酪塔

Tarte au Fromage Blanc

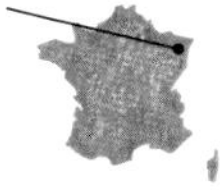

在法國少見的乳酪蛋糕，尺寸大得驚人

乳酪蛋糕在日本超受歡迎，但在乳酪大國法國，卻幾乎沒有使用乳酪製作的甜點。對一般法國人來說，乳酪不需要再經過加工，享受原味才是王道。但在亞爾薩斯，由於受到鄰國德國的影響，許多甜點店裡都能見到乳酪蛋糕的身影。

在德國有一種名為「Quark」的新鮮乳酪相當常見，而使用它來製作的乳酪蛋糕「käsekuchen」一直以來都相當受歡迎。在亞爾薩斯使用的是白乳酪，成品的樣貌也相似。白乳酪是非熟成形態的新鮮乳酪，口味清爽不膩。可以直接吃或者混合果醬食用，也可以使用於料理之中。把白乳酪加入砂糖、雞蛋、麵粉、蛋白霜，倒入塔模內後烘烤，就是白乳酪塔。直徑約 24 ～ 30cm，第一次見到的人會驚訝於它具有分量的外表。它的口感輕盈爽口，所以對亞爾薩斯人來說，可以一口接一口地享用。（甜點製作：Pâtisserie L'Authentique）

1. 手放在旁邊當比例尺更能突顯它的巨大！ 2. 用白乳酪當早餐也很適合。

Données

- C 烘烤點心
- O 受到外國影響而誕生
- P 甜酥麵糰
- M 奶油、雞蛋、砂糖、麵粉、奶酪

聖誕小餅乾
Bredele

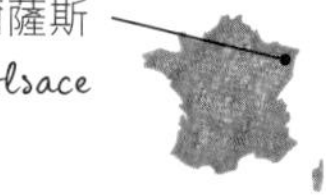

聖誕節就是要有可愛的小餅乾

從聖誕節前的第四個星期日開始，就是等待耶穌誕生的「降臨期」（Avent）。此時的亞爾薩斯，就會看到一口大小的「聖誕小餅乾」出現。除了一般家庭會烘烤之外，在甜點店或聖誕市集上也看得到。種類超過百種，甚至有聖誕小餅乾的專門食譜書。詳細的發源已不可考，在史特拉斯堡發現的 14 世紀食譜是目前最早的紀錄。據說在 18 世紀時已經廣為流傳，19 世紀初期便有以模型壓紋再烘烤的聖誕小餅乾。因為區域不同，聖誕小餅乾的裝飾方式也有差別，而且口味與形狀變化甚多，似乎並沒有嚴格的規則。

比較具有代表性的是以奶油沙布列製作的「butter bredele」、茴香口味的「anis bredele」、以專用工具擠出製作的「spritz bredele」、星形杏仁膏風味的「etoiles à la cannelle」、新月形狀的「croissants à la vanille」、瑞士巴塞爾（basel）的名產點心「läckerli」等等。（甜點製作：下園昌江）

1. 聖誕節期間總能看見許多種類的聖誕小餅乾。2. 從聖誕小餅乾的專門食譜數量，就能看出其種類有多豐富。

Données

Ⓒ 烘烤點心
Ⓟ 沙布列麵團等
Ⓜ 奶油、雞蛋、砂糖、杏仁、麵粉、巧克力、香料、香草、果醬

貝拉維卡洋梨蛋糕
Berawecka

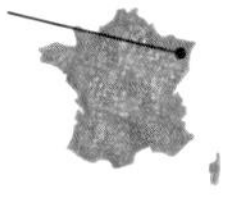

把大自然的恩惠聚集在一起的華麗冬季甜點

亞爾薩斯地區在接近聖誕季節時，就能在甜點店裡看見一種深棕色的棒狀甜點羅列，它就是貝拉維卡洋梨蛋糕。在亞爾薩斯語裡，「bera」是西洋梨，「wecka」是小麵包。在這一帶對貝拉維卡有許多不同的稱法，還有一個別名叫水果麵包（pain aux fruits）。

從名稱中可以知道材料有西洋梨，還有李子或葡萄乾等的水果乾，糖漬橙皮或檸檬皮，杏仁或核桃等堅果類，把這些材料以酒（大部分使用櫻桃利口酒）和香料浸漬過。和少許發酵麵團混合，或是以發酵麵團把材料包捲起來後，送入烤箱。比起出爐當天立刻食用，放置幾天更能讓食材的風味及香氣徹底融合。切成薄片，搭配熱紅茶或紅酒一起享用。也可以搭配亞爾薩斯的名產鵝肝醬，相當美味。

此外，在德國南部、奧地利等地，有名為「水果蛋糕」（früchtebrot）、「洋梨果乾麵包」（hutzelbrot）的甜點，和貝拉維卡是一樣的。（甜點製作：下園昌江）

1. 聖誕節期間陳列於甜點店的風景。2. 常見的外形是修長的橢圓形。

Données

- **C** 發酵點心
- **O** 天主教的宗教儀式
- **P** 發酵麵團
- **M** 砂糖、麵粉、酒、香料、酵母、鹽、水果乾、堅果類

曼那拉人形麵包
Manala

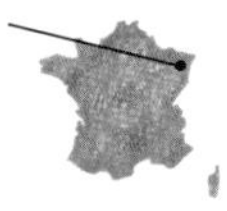

在聖尼古拉日吃的人形麵包

據說在4世紀時真實存在的主教聖尼古拉，就是聖誕老人的原型，也是孩子們的守護聖人。他的逝世紀念日12月6日被訂為聖尼古拉日（Saint-Nicolas），在比利時、盧森堡、德國、奧地利、瑞士及法國東北部等大範圍地區都有慶祝的習俗。如果乖乖當個聽話的小孩，那麼聖尼古拉就會帶來獎勵，所以孩子們都會很期待這一天的到來（聖尼古拉身邊還有一位一起出行、扮相較兇惡的鞭打教父，拿著鞭子懲罰不聽話的壞小孩）。

各地慶祝儀式或有不同，在亞爾薩斯人們會吃一種人形麵包，名為曼那拉，是從聖尼古拉的一段佳話而來。在肉鋪裡有一桶已經宰殺好並以鹽醃好的肉，聖古尼拉將他們奇跡般地拯救並復活成三個小孩。曼那拉也被拼成 mannala 或 mannele，有些稱為「bonhomme」或「petit bonhomme」，法蘭琪－康堤地區則叫「jean-bonhomme」（bonhomme 為人形、人偶之意）。（甜點製作：PATISSERIE CLOCHETTE）

1. 聖尼古拉（左）和鞭打教父（右）的人偶。2. 每個店家會製作尺寸及表情不同的曼那拉人形麵包。

Données

- C 發酵點心
- O 天主教的宗教儀式
- P 布里歐麵團
- M 奶油、雞蛋、砂糖、麵粉、牛奶、酵母、鹽

黑森林蛋糕
Forêt Noire

來自德國，名為「黑色森林」的蛋糕

德國的西南部有一片廣闊蒼鬱的針葉森林，德語名為Schwarzwald，意即黑色的森林。以這片森林為靈感，使用當地特產的櫻桃所創作的德國傳統甜點，名為「黑森林蛋糕」（schwarzwälder kirschtorte）。材料為巧克力海綿蛋糕、櫻桃、鮮奶油、巧克力、櫻桃利口酒（以櫻桃為原料的蒸餾酒）。其實就是巧克力櫻桃鮮奶油蛋糕。

這款甜點經由亞爾薩斯傳入法國，法國人從此叫它forêt noire。在法國，黑森林蛋糕從巴黎開始在外觀上有了更現代化的改變，例如以慕斯裝飾成四角形，或是以甜點杯（裝在玻璃製小容器內的甜點）的形式呈現。不過在亞爾薩斯當地，還是有許多店家保持著傳統風格的作法。外觀雖然平易近人，但實際上大多數都含有一定分量的櫻桃利口酒，不勝酒力的人要格外小心。

（甜點製作：下園昌江）

1. 櫻桃含量不少。2. 時尚版本的黑森林蛋糕。

Données

- Ⓒ 新鮮甜點
- Ⓞ 受到國外影響而誕生
- Ⓟ 傑諾瓦思麵糊
- Ⓒ 香緹鮮奶油
- Ⓜ 奶油、雞蛋、砂糖、麵粉、鮮奶油、牛奶、巧克力、可可粉、櫻桃利口酒、櫻桃

亞爾薩斯水果塔
Tarte aux Fruits à l'Alsacienne

亞爾薩斯
Alsace

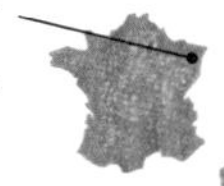

充分感受亞爾薩斯四季的水果塔

亞爾薩斯地區水果產量豐富，到處都能看見當季的水果塔。在塔皮裡擺滿水果後直接烘烤，或是混合了雞蛋、砂糖和牛奶等材料，做成奶醬後再倒入塔皮內烘烤都是其作法的特色。烤好的奶醬口感有如甜點奶餡般的滑潤，和水果一併享用，恰到好處的酸甜滋味在口中融化開來，美味讓人驚豔。根據季節變化，會使用到的水果種類有櫻桃、杏桃、山桑子（myrtille，野生於孚日山脈，類似藍莓的水果）、紫香李（quetsche，亞爾薩斯名產，李子的一種）、蘋果等，而在春夏交替之際，則可常見大黃塔。

大黃（rhubarb）是外型接近款冬的蓼科植物，富含纖維，加熱過後便會軟化。酸度高，因此常做成果醬這類甜食。大黃塔為了取得酸甜之間的平衡，先把底部烤好後，在表面擠上滿滿的蛋白霜再烤熟，是最常見的作法。（甜點製作：下園昌江）

1. 大黃塔上有著滿滿的蛋白霜。2. 傳統市集擺放著色彩繽紛的當季水果。

Données

- Ⓒ 烘烤點心
- Ⓞ 運用當地特產製作
- Ⓟ 酥脆塔皮或甜酥麵糰
- Ⓜ 奶油、雞蛋、砂糖、麵粉、牛奶、水果

蘇格蘭蛋糕
Cake Écossais

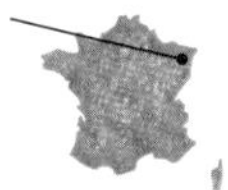

來自鄰國，形似鹿脊肉料理的點心

這是奧地利及德國的傳統糕點。由於在瑞士也相當常見，因此經由亞爾薩斯便傳入了法國。這款蛋糕有兩種作法，一種是在混合大量杏仁的濃郁麵團裡，再放入杏仁片，然後淋上巧克力；另一種則是把巧克力麵團和杏仁麵團做成兩層圖案；而在亞爾薩斯所看到的多為後者。外層是可可口味的達克瓦茲麵糊，內層則是杏仁口味麵團，表面鋪上大量杏仁碎或杏仁片，可謂是一道讓杏仁發揮極致的烘烤點心。出爐後直接享用，或是切出開口，以奶油霜做夾心享用。

在德國它的名字叫做「鹿脊肉」（rehrücken）。由於形狀就像魚板被擠壓過後呈波浪紋，特殊的外觀跟一道鹿脊肉料理相似，因此也沿用相同的名稱。在法國則叫做 cake écossais。Écossais 在法文意為「蘇格蘭的」。

（甜點製作：Chant d'Oiseau）

以奶油霜作為夾心的版本。

Données

C 烘烤點心
O 受到外國影響而誕生
P 達克瓦茲麵糊
M 奶油、雞蛋、砂糖、杏仁、麵粉、可可粉

林茲塔
Tarte Linzer

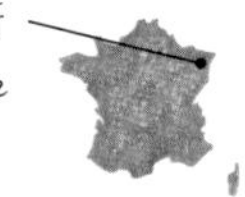

來自奧地利的紅色果實甜點

林茲塔（Linzer torte），是誕生於奧地利林茲的一道傳統點心。1653 年便已經記載於食譜上，是一道相當有歷史的糕點。傳入法國後，被稱為 tarte Linzer，在鄰近的德國與瑞士也十分受歡迎。

在混合了肉桂等香料的麵團裡，放入紅色果實的果醬，表面再以麵團組合成格子狀之後烘烤，是比較傳統的作法。奧地利則是使用混合了杏仁粉或榛果粉、奶酥等的柔軟麵團，再搭配紅醋栗果醬的作法較為常見。而在亞爾薩斯地區的作法則是以香料口味的塔皮麵團，配合覆盆子果醬。表面用麵團拼成格子狀，或是在單人用的小尺寸上，中央位置放上花朵或愛心形狀的塔皮。在亞爾薩斯村莊尼德莫許維爾（Niedermorschwihr）果醬女王克莉絲丁．法珀（Christine Ferber）的甜點店「Maison Ferber」，則可以找到以心形塔皮排列表面作為裝飾的可愛風格。（甜點製作：Ryoura）

1.「Maison Ferber」的林茲塔。2. 單人食用的小尺寸也很常見。

Données

- Ⓒ 烘烤點心
- Ⓞ 受到外國影響而誕生
- Ⓟ 林茲麵團
- Ⓢ 覆盆子果醬
- Ⓜ 奶油、雞蛋、砂糖、麵粉、香料、堅果類、覆盆子果醬

亞爾薩斯香料餅乾
Pain d'Épices d'Alsace

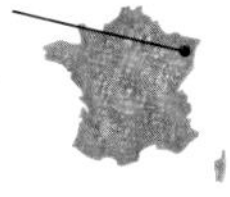

亞爾薩斯的聖誕節充滿了香料氣息

雖然香料餅乾以勃根地地區的第戎（Dijon）為代表（P103），不過亞爾薩斯也有其獨特的香料餅乾。與德國的聖誕節點心德式薑餅（lebkuchen）相近，扁平、口感略為黏牙，咀嚼時有著豐富的香料及蜂蜜滋味。

根據位於亞爾薩斯的香料餅乾博物館資料，在德國最早出現德式薑餅的紀錄，是1296年從神聖羅馬帝國開始傳播開來。在亞爾薩斯的最早記載則出現在1453年的馬里思塔爾（Marienthal）修道院的聖誕節餐桌上。

如今是一整年都能買得到的伴手禮，不過主要還是在聖尼古拉日及聖誕節期間食用。亞爾薩斯的冬季，伴隨著香料的氣味，漸漸感受到聖誕節來臨的熱鬧氣氛。

形狀為長條橢圓的稱為「舌狀薑餅」（langue de pain d'épices），表面會淋上糖霜，貼上聖尼古拉或妖精圖案的裝飾紙。其他還有做成愛心或星形再以堅果或水果乾裝飾，或以糖霜繪圖、寫上文字等，種類變化繁多。

1. 貼有妖精圖案的香料餅乾。2. 以可愛插畫點綴得熱鬧繽紛的香料餅乾博物館。

Données

- C 烘烤點心
- O 受到外國影響而誕生、宗教儀式
- S 有些時候會使用淋面或皇家糖霜
- M 砂糖、蜂蜜、麵粉、香料、膨鬆劑

Colonne

以布里歐麵團為基礎的鄉土點心

充滿奶油香醇氣味、口感濕潤輕盈的布里歐麵團，在法國各地都有運用它來做變化的點心。讓我們一起來看看。

布里歐是混合了麵粉、雞蛋、奶油、酵母所製成的麵包。與普通麵包相較，布里歐因為含有大量的奶油及雞蛋，口感輕盈、氣味香濃是其特色。瑪麗·安東妮曾說過「沒有麵包的話，吃蛋糕就好」如此傲慢的名言，這裡的「蛋糕」據說指的就是布里歐麵包。在日本較常見的是「圓頭布里歐」（brioche à tête）〔7〕，長相就像頭一樣圓鼓鼓的。但在法國則有很多不同的樣式。最初是從諾曼第一帶開始出現，此地區從中世紀開始就會在主顯節時吃法呂布里歐麵包〔1〕（P83）這種外型細長的布里歐麵包。而其他地區則食用不同外形，材料裡添加堅果或葡萄乾的布里歐麵包。以完整杏仁顆粒裝飾，加了葡萄乾且造形獨特的亞爾薩斯咕咕洛夫〔8〕（P46）、聖尼古拉日時所吃的曼那拉人形麵包〔10〕（P52）、亞爾薩斯的村莊羅塞姆（Rosheim）的當地特產，加了肉桂、堅果、鮮奶油的羅布庫耶許堅果麵包〔11〕（P160）、在洛林地區則把布里歐浸泡在蘭姆酒裡變成巴巴（P65）、北加萊海峽地區則是加了葡萄乾的凱蜜克麵包〔12〕（P39）、以廚師高帽為外形靈感的皮卡第地區的廚師帽蛋糕〔4〕（P36）、普羅旺斯地區夾了奶餡灑上糖霜顆粒的聖托佩塔〔3〕（P150），隆河—阿爾卑斯地區混合了當地特產的紅色果仁糖的聖杰尼布里歐麵包〔6〕（P112），普羅旺斯地區香草麵包的一種、名為「pompe à l'huile」的橄欖油麵包（P149）等，應用範圍相當廣。

此外，布里歐麵團也可以變成塔派麵團，或者糕點類點心的底座。在普羅旺斯地區，主顯節時不吃國王派，而是改以布里歐麵團做成「國王布里歐」（brioche des rois）或「國王蛋糕」（gâteau des rois）。此外，法國北部的砂糖塔〔9〕（P40）、隆河—阿爾卑斯地區的佩魯日烘餅〔5〕（P106）、布雷斯地區的布列桑烘餅〔2〕（P107），則是把布里歐麵團擀平後，灑上大量砂糖再塗上鮮奶油後烘烤的成品。

1
2
3
4
5
6
7
8
9
10
11
12

3

Lorraine

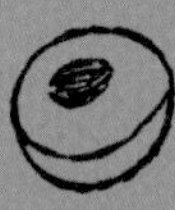

洛林

地區特色

洛林位於法國東北部，以孚日山脈為界和亞爾薩斯分占東西兩側。洛林北部有鐵礦及煤炭等重工業，南部則以發展農業及畜牧業為主。曾經屬於神聖羅馬帝國的一部分，是法蘭西王國的敵對陣營。往來征戰多年後，終於在 1776 年合併於法蘭西王國之內。18 世紀時治理當地的洛林公爵史坦尼斯拉斯一世，不但是個美食家，更是位藝術愛好者，相當受到愛戴。中心大城南錫（Nancy），從 19 世紀末到 20 世紀初，成為新藝術運動（Art Nouveau）開花結果之地而聞名，以艾米爾．加萊（Emile Gallé）為首的藝術流派「南錫派」因而誕生。

飲食文化特色

與相鄰的亞爾薩斯地區有著許多飲食共通之處，最知名的就是在洛林的甜點店裡也能看到鹹食專區（traiteur）。在派皮裡放入培根、乳酪，再倒入混合了雞蛋及牛奶的奶醬後烘烤，就是法式鹹派（quiche lorraine），在法國各地都能吃得到，當地也有專賣店。此外，把調味過的牛肉以派皮包起，再倒入用鮮奶油或雞蛋等做成的奶醬後烘烤，就是洛林鹹派（tourte Lorraine），也是當地特色菜餚。

甜點方面，洛林公爵史坦尼斯拉斯一世帶來了巴巴及瑪德蓮，以及伴隨著推動其他甜點的發展，他熱愛甜點是出了名的。其他還有誕生於修道院的南錫馬卡龍、修女蛋糕也相當知名。如果提到土產，閃耀著金黃色光芒，香氣迷人的南錫香檸糖十分受歡迎。最後，一定不能不提到洛林的名產水果黃香李（mirabelle）。全世界的黃香李有七成來自於洛林，以黃香李做成的水果塔或果醬，是最能代表這片土地的甜品。收成期會舉辦黃香李慶典。

瑪德蓮
Madeleine

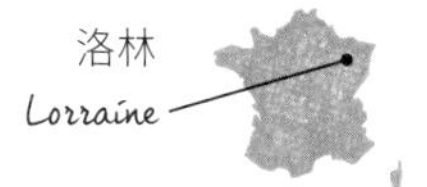

以女性名字命名的小巧貝殼形點心

瑪德蓮是在日本也很受歡迎的貝殼形狀烘烤點心。瑪德蓮的誕生故事之一，相傳最初是走上天主教徒的朝聖之路——聖雅各之路（Saint-Jacques-de-Compostelle）的朝聖者，會收到一款象徵聖雅各的貝殼形小點心。

最知名的一種說法，是在 1750 年左右誕生於洛林公爵史坦尼斯拉斯一世位於科梅爾西（Commercy）的城堡裡。

在忙碌地準備接待客人的宮廷廚房裡發生了爭吵，甜點師因此負氣離開。慌亂之中女僕瑪德蓮．保羅米耶（Madeleine Paulmier）代打上場，端出了一款甜點。沒想到大大受到史坦尼斯拉斯一世及客人的讚賞，因此用瑪德蓮的名字為這道點心命名。另外還有個小插曲，後來史坦尼斯拉斯一世把這款點心送到了女兒（路易十五的妻子瑪麗）的宮殿，立刻相當受到歡迎。大家想把這款點心改名為「gâteau de la reine」（王妃蛋糕），卻遭到本人的反對，因此還是維持了原來的名字。

無論哪種說法，這款點心都是來自科梅爾西。當時仍為鄉村城市的科梅爾西，對瑪德蓮的需求還不高；到了 1852 年由於巴黎到史特拉斯堡之間的鐵路開通，科梅爾西也因此有了火車站，對瑪德蓮的需求也增加了許多。用孚日山脈的冷杉樹所製作的木盒來裝瑪德蓮，為形象大大加分，因此縣政府頒布法令允許車站販賣，從此變成大受歡迎的伴手禮。

如今在科梅爾西的瑪德蓮專賣店裡排列著木盒，上面畫有洛林十字架圖案的鈴鐺。據說是為了記念 1752 年時洛林公爵贈送給科梅爾西的聖潘捷列伊蒙教堂（Eglise Saint-Pantaléon）一個巨型大鐘而設計。

（甜點製作：下園昌江）

1. 位於科梅爾西的瑪德蓮專賣店。2. 畫有鈴鐺的瑪德蓮木盒。如今是以山毛櫸材質製作。3. 在店裡參觀時所品嘗的瑪德蓮，蓬鬆又柔軟。搭配黃香李口味的紅茶。

Données

- Ⓒ 烘烤點心
- Ⓞ 因意外而誕生
- Ⓜ 奶油、雞蛋、砂糖、麵粉

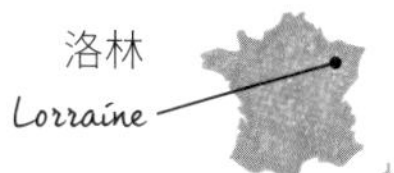

巴巴
Baba

誕生於洛林宮廷，卻在巴黎開花結果的甜點

這道甜點，一般相信是來自於波蘭出身、統治洛林公國的史坦尼斯拉斯一世之手。他為了想把自己從旅途中帶回來、已經乾燥了的布里歐變得好吃，而把麵包浸泡在含了酒的糖漿裡。據說這就是巴巴的最初原型。在當時是用以菊科植物或番紅花調味的糖漿和酒混合來浸泡麵包。到了 19 世紀因為蘭姆酒已經容易取得，如今一般的巴巴都是使用蘭姆酒了。

由於史坦尼斯拉斯一世熱愛阿拉伯文學《一千零一夜》（*Arabian Nights*），因此把這款點心取名為故事主角阿里巴巴的「巴巴」。不過也有另一種說法是，巴巴這個名稱是從一個波蘭文中意為「老年女子」或「奶奶」的發酵甜點「babka」而來。

至於讓巴巴聲名大噪的人，則是服侍洛林公爵史坦尼斯拉斯一世的宮廷御廚尼古拉·史托赫（Nicolas Stohrer）。史托赫在史坦尼斯拉斯一世的女兒嫁給路易十五世時，作為她的貼身廚師跟隨搬到了巴黎，於 1730 年在巴黎 2 區的蒙托格伊街（Rue Montorgueil）上創立了自己的店「Stohrer」。他把巴巴的食譜加以改良後販賣，由於太過美味變成招牌商品，進而廣為人知。直至今日「Stohrer」身為巴黎歷史最悠久的甜點店，依然受到歡迎。

另外還有一個從巴巴衍生出來的甜點——薩瓦蘭。是在 1845 年由甜點師奧古斯特·朱利安特別製作，獻給政治家同時也是美食家的布里昂—薩瓦蘭（Brillat-Savarin）的點心。烤成圓形的發酵麵團吸收糖漿之後，在中央凹槽處擠上甜點奶餡或打發鮮奶油。原本被稱為「布里昂—薩瓦蘭」的點心，不知不覺地變成了「薩瓦蘭」，直到今天。（甜點製作：VIRON）

1. 巴黎最老甜點店「Stohrer」的巴巴。2. 老店位於巴黎 2 區的蒙托格伊街。3.「Stohrer」的招牌。4. 從巴巴衍生出來的薩瓦蘭。照片拍攝於南錫的甜點店。

Données

- Ⓒ 新鮮甜點
- Ⓞ 因意外而誕生
- Ⓟ 巴巴麵團
- Ⓜ 奶油、雞蛋、砂糖、麵粉、牛奶、酒、酵母、鹽、葡萄乾

黃香李塔

Tarte aux Mirabelles

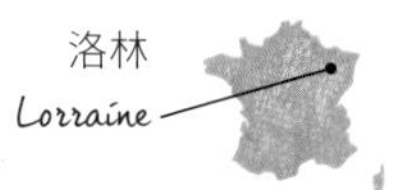

大方使用當地特產黃香李

黃香李是一種顏色澄黃的小型李子，從 16 世紀開始作為黃香李產區而知名的洛林地區，如今產量為全球第一，全世界的市占率高達 70%。每年的 8 月中到 9 月中為短暫的產季，盛產時的黃香李有著梅子般的清爽和桃子般的香甜，其美味讓人無法抗拒。

擺滿大量新鮮黃香李所烤出來的水果塔，正是洛林地區的特產。在塔皮上整齊排列著密實的新鮮黃香李，可以直接烘烤，或是倒入混合了雞蛋、砂糖、牛奶等的奶醬後再烤。至於水果的處理，有的作法會對半切開取出果核，有的作法是直接整顆水果帶核烤。但根據來自洛林的甜點師表示，帶果核一起烤的黃香李塔，能夠吃到果核的特殊香氣，更加美味。

收成時期非常短暫的黃香李，有許多的加工產品，無論是做成利口酒或果泥、果醬，都能延長享受黃香李的時間。（甜點製作：下園昌江）

1. 濃縮了黃香李全部美味的水果軟糖。2. 產季來臨時傳統市集上擺滿的黃香李。

Données

- Ⓒ 烘烤點心
- Ⓟ 運用當地特產製作
- Ⓢ 甜酥麵糰或酥脆塔皮麵團
- Ⓜ 奶油、砂糖、雞蛋、麵粉、牛奶、鮮奶油、黃香李

修女蛋糕
Visitandine

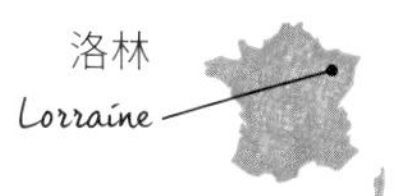

來自聖母訪親女教會修女們的點心

Visitandine 這個字，在法文裡指的是聖母訪親女修會（L'Ordre de la Visitation de Sainte-Marie）裡的修女。1632 年聖母訪親會於南錫成立，探訪窮人、病人或幫助孩童的教育。但是在法國大革命時期，修女們被逐出了教會。到了 1801 年，依據拿破崙和羅馬教宗庇護七世簽定的政教條約，修女們才終於得以重回修道院。傳說為了慶祝這件事，因此有了這款點心的誕生。1890 年出版、記錄甜點歷史故事的法文書籍《甜點史地備忘錄》（*Le Mémorial historique et géographiquede la pâtisserie*）之中，是首次確認修女蛋糕存在的文獻，並且盛讚其美味。

使用的模型為圓形帶有溝槽，或者是像小扁舟型等兩種。材料和作法接近費南雪（financier）。成品可以維持多日不變質，也適合當成配茶小點心，盛行於 19 世紀，進入 20 世紀後也經常出現在茶館內。

（甜點製作：下園昌江）

圓滾滾的金黃色修女蛋糕。現在已經很少見了，在南錫的甜點店「Recouvreur」還能找到。

Données

C 烘烤點心
O 誕生於修道院內
M 奶油、雞蛋、砂糖、麵粉

南錫馬卡龍
Macaron de Nancy

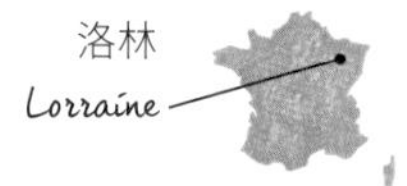

來自廚藝精湛的修女，廣為人知的馬卡龍

中世紀時期的修道院，每週五及四旬齋期間是禁止吃肉的。據說為了在這段期間內補充營養，便開始製作點心。尤其南錫的女子聖體修道院（Dames du Saint-Sacrement）的飲食限制特別嚴格，肉類幾乎是禁止食用，所以修女們便經常製作甜點。但是經過法國大革命，修道院被迫解散，修女們也遭到驅逐。與此同時，伊莉莎白修女和瑪格莉特修女寄居在醫生戈曼（Gormand）的家裡，為了感謝醫生的收留而製作了點心販賣。在她們所販賣的點心裡，最受歡迎的就是這道馬卡龍。食譜一直是以不外傳的方式祕密地被繼承下來。南錫馬卡龍的特色有三：1. 口感外皮脆硬，內裡柔軟；2. 表面有裂紋；3. 直接把麵糊擠在烘焙紙上，出爐後連烘焙紙一起販賣。

這款馬卡龍由位於南錫鞏貝塔街（Rue Gambetta）的店鋪繼了承傳統，在店裡可看見彩繪玻璃裝飾，為兩位修女所屬本篤會的修女樣貌。（甜點製作：BLONDIR）

1. 繼承馬卡龍製作傳統的「Maison des Sœurs Macarons」店鋪外觀。2. 彩繪玻璃上畫有本篤會修女的樣貌。

Données

- Ⓒ 烘烤點心
- Ⓞ 誕生於修道院內
- Ⓟ 馬卡龍麵糊
- Ⓜ 蛋白、砂糖、杏仁

南錫香檸糖
Bergamote de Nancy

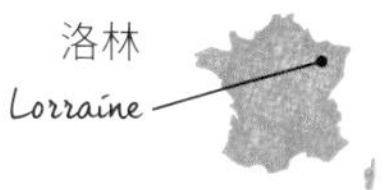

洋溢著香檸檬香氣的金黃色糖果

顏色金黃的透明小糖果，卻帶有滿滿的香檸檬優雅的香氣。香檸檬（bergamote）是芸香科的柑橘，原產於義大利的西西里島（Sicilia）而知名。為什麼會傳到距離遙遠的洛林來，據說是 1431 ～ 1453 年時任洛林公爵的勒內一世（René d'Anjou），同時也擔任西西里國王的緣故。

香檸檬的優雅香氣，在當時大多被使用於化妝品及香水之中。這款糖果的起源，據說是 1850 年左右南錫的糖果師尚．里利克（Jean Lillich）請託調香師友人設計香味而誕生。糖果的美味傳出南錫之外廣受歡迎，也在 1909 年南錫舉辦世界博覽會時登場，更是聞名海內外。在法國電影《愛蜜莉的異想世界》（*Amélie*）裡，糖果盒成了藏寶盒而聲名遠播，罐子上畫的正是南錫市中心的史坦尼斯拉斯廣場。糖果盒有多種不同造形，是許多收藏家的藏品。

1. 華麗璀璨的史坦尼斯拉斯廣場大門。2. 畫有史坦尼斯拉斯廣場的糖果盒。

Données

- Ⓒ 糖果鋪
- Ⓞ 運用當地特產製作
- Ⓜ 砂糖、香檸檬

南錫巧克力蛋糕
Gâteau au Chocolat de Nancy

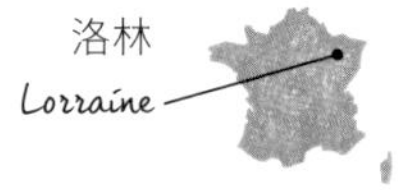

加了堅果的豪華巧克力蛋糕

使用巧克力的鄉土點心為數不多。理由是巧克力在很長的一段時間裡，都被視為是昂貴的食材，只有富裕人家才吃得起。而這款使用了巧克力，誕生於南錫的甜點，雖然外觀就是普通的巧克力蛋糕，但特色是食材裡加了杏仁或榛果粉。巧克力的甘苦味加上堅果馥郁的香氣，口味香濃豐富。

位於南錫北方的另一座大城梅斯（Metz），也有一款使用巧克力的點心，名為梅斯巧克力蛋糕（gâteau au chocolat de Metz）。作法是使用類似整顆雞蛋打發的海綿蛋糕麵糊，加入現削的巧克力薄片及鮮奶油後烘烤而成。無論哪一款巧克力蛋糕都是一般家庭常見的點心，反而不容易出現在甜點店裡。美食家同時也是歷史民俗學者的奧西科斯．德．拉薩克（E. Auricoste de Lazarque）於 1890 年出版的作品《梅斯烹飪》（*Cuisine Messine*）裡，記載了南錫及梅斯各自的巧克力蛋糕食譜。（甜點製作：VIRON）

梅斯的聖艾蒂安大教堂（Cathédrale de Saint Étienne）裡，有夏卡爾（Marc Chagall）繪製的彩繪玻璃，相當知名。

Données

Ⓒ 烘烤點心
Ⓜ 奶油、雞蛋、砂糖、杏仁、麵粉、巧克力

蛋白霜

Meringue

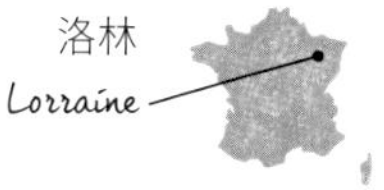

混合蛋白及砂糖打發起泡製成，口感香甜又輕盈

「這麼大一顆蛋白霜真的能吃嗎？」在法國尤其是鄉下地方旅遊時，有時會見到巨型的蛋白霜甜點。蛋白霜是把蛋白混合砂糖或糖漿後，打發起泡的成品。可以直接烘烤來吃，也很常加入其他甜點的麵團裡讓口感輕盈。是當今甜點製作不可或缺的存在。蛋白霜的作法，大致可分為三種：1. 蛋白裡加入砂糖後打發的法式蛋白霜；2. 蛋白裡加入溫熱糖漿後打發的義式蛋白霜；3. 蛋白裡加入砂糖後以隔水加熱方式打發的瑞士蛋白霜。

關於它的起源有許多版本，最有說服力的說法是 1720 年時瑞士小鎮邁林根（Meiringen）的義大利甜點師賈斯帕里尼（Gasparini）所發明。其他還有在 18 世紀的法國，洛林公爵史坦尼斯拉斯一世在維桑堡（Wissembourg）首次品嘗到一說。甚至有更早以前在波蘭就已經存在的說法，只不過名為「marzynka」。想必是因為顏色純白又甜美的蛋白霜，在當時就已經相當受到人們的喜愛了吧。（甜點製作：BLONDIR）

1. 在隆河—阿爾卑斯地區看到的蛋白霜，混合了紅色的果仁糖。2. 被蛋白霜圍繞的法式冰淇淋蛋糕（vacherin glacé）。

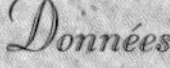

Ⓒ 烘烤點心
Ⓟ 蛋白霜
Ⓜ 砂糖、蛋白

Colonne

關於甜點模型

甜點的製作過程裡，模型的重要性不言而喻。模型的形狀、材質對於成品都有極大的影響。以本書所挑選的甜點為主軸，讓我們來看看這些模型。

1 復活節小羊蛋糕模型

亞爾薩斯地區在復活節時所食用的復活節小羊蛋糕的專用模型。由於模型是左右分開的，所以在倒入麵糊時必須以金屬配件固定，同時上下顛倒。在亞爾薩斯還有另一款兔子造形的模型，用來做兔子蛋糕（lapin pascal）。材質為陶器。

2 廚師帽蛋糕模型

用於皮卡第地區的大型發酵點心。花朵般的形狀，由下往上漸漸增大。由於廚師帽蛋糕的麵團使用大量奶油，質地相當柔軟，使用具有一定高度的模型，烘烤時讓表面能盡情膨脹。

3 修女蛋糕模型

修女蛋糕使用的模型，在傳統上為圓形帶有溝槽、像花朵般的造形，或者是像小扁舟模樣的模型。材料和作法接近費南雪，製作時如果沒有傳統模型，也可以用費南雪模型替代。

4 瑪德蓮模型

外觀有如貝殼的模型。有很多尺寸，形狀也有細長或圓潤的不同。溝槽深的位置烤出來會有較深的陰影，紋路細緻而美麗。大部分模型是矽膠材質，但以金屬模型烤出來的顏色會更漂亮。

5 咕咕洛夫模型

陶器模型導熱效果優異，能輕鬆烤出蓬鬆效果。日經月累使用後，模型也會吸收奶油，出爐時的香氣更加濃郁。模型大部分製造於亞爾薩斯的蘇夫勒南。

6 可麗露模型

模型的特色是有縱長形的深溝。材質方面有很多選擇，尤以帶有厚度、導熱均勻的銅模更能烤出好看且美味的可麗露。銅模加上蜜蠟是比較傳統的作法，也可以改塗奶油，一樣美味。

7 浮雕香料餅乾模型

使用亞爾薩斯地區點心茴香餅乾（pain d'anis）的麵團，以浮雕模型烤出來的餅乾，就稱為「浮雕香料餅乾」（springerle）。多出現於聖誕節期間，在德國也可以看得到。有動物或愛心等多種造形。

8 布里歐模型

布里歐麵包專用的大模型。可以倒入麵團直接烘烤，或加上另一球麵團烤成圓頭布里歐。南部—庇里牛斯地區的庇里牛斯山蛋糕，就是以這款模型做成的甜點之一。由於體積較大，烘烤出來的成品表面香酥，內部柔軟濕潤。

9 圓形蛋糕模型

使用頻率相當高的簡單圓形模型。從下往上直徑略為增大，多用於烘烤圓形且厚度較高的蛋糕，例如巴斯克蛋糕、南特蛋糕、和平鴿蛋糕等。

10 小淺盤模型

高度不高、邊界呈圓弧形是其特色。尺寸選擇變化很多，但最常用的是直徑6cm左右的小型模型。經常用於「對話」糖霜杏仁奶油派或新橋塔這類形狀小巧的點心，或是用於小型的塔類甜點。

1
2
3
4
5
6
7
8
9
10

4

Bretagne
Normandie

布列塔尼
諾曼第

地區特色

位於法國西北部，形狀突出的布列塔尼地區。此地從 5 世紀開始便有從英格蘭遷移過來的凱爾特人居住，因此有著濃厚的凱爾特文化遺跡。歷史上 10 世紀起有布列塔尼公國而繁榮發達，到了 16 世紀合併於法蘭西王國。形狀東西橫長，東部的主要大城為雷恩（Rennes），西部則有以燒窯陶器聞名的坎佩爾（Quimper）、充滿中世紀風情的洛克羅南（Locronan），北邊則有港口城市聖馬洛（Saint-Malo）。

諾曼第地區則是正對著英吉利海峽。9 世紀時從北歐南下登陸的維京人開始開發此地。歷史上知名的第二次世界大戰盟軍的諾曼第登陸，便是在此地展開。當年被戰火摧殘的土地，如今已是廣大的綠色草原，充滿美麗的田園風光，小麥的栽種及酪農業都相當發達。知名地標為盧昂大教堂（Rouen Cathedral）、世界遺產聖米歇爾山（Mont-Saint-Michel）。

布列塔尼和諾曼第地區雖然文化方面有所差異，但在地理位置面海、酪農及農業方面的興盛程度上，相當一致。

飲食文化特色

被海水包圍的布列塔尼地區，龍蝦及淡菜這類海鮮十分豐富。農業也很發達，是知名的洋薊產區。當地特產的鄉土點心烘餅（galette），便使用當地生產的蕎麥粉來製作。往南的城鎮給宏德（Guérande），盛產以傳統工法製作的海鹽，同時酪農業也發達，因此當地許多點心都是以含鹽奶油來製作。也用於牛奶糖或沙布列裡。

氣候溫暖的諾曼第盛行小麥、水果的栽種，酪農業發達。在日本知名的卡門貝爾起司（Camembert）就是在這裡生產的。諾曼第地區也面海，所以能採收扇貝、牡蠣。有時這些海鮮會跟當地名產的鮮奶油一起煮成醬汁。這裡也栽種蘋果，所以有很多蘋果類的點心，也有蘋果氣泡酒（cidre）、蘋果白蘭地（Calvados）等知名酒類。

一般人家裡自製的甜點，有用陶器長時間燉煮的牛奶粥（teurgoule），以及使用特產奶油製作的沙布列等等。

布列塔尼奶油酥餅
Galette Bretonne / Palet Breton

甜甜鹹鹹、充滿奶油香氣的沙布雷

「Galette」在法文裡，指的是一種平坦而圓形的食物。做成點心時有國王派（P118）、佩魯日烘餅（P106），做成料理時有用蕎麥粉或馬鈴薯粉製作的烘餅。galette在法國是許多甜點或料理的名稱。探索它的歷史起源，可以追溯至西元前 7000 年，以水混合了穀物磨成的粉處理成麵糊狀，倒在加熱過的石頭上烘烤而成的食物，一般認為就是烘餅的起源。而蕎麥粉做成的烘餅或麵包，也從這裡衍生而來。

在布列塔尼，galette 指的是用蕎麥粉做成的鹹味烘餅，當然甜味的可麗餅也一樣受歡迎。

「布列塔尼奶油酥餅」指的是一種圓形輕薄的沙布列餅乾。有另一種也很相似的點心，叫做「palet breton」，是厚度約為 1cm 的沙布列餅乾。

兩款餅乾材料皆使用奶油、雞蛋、砂糖、麵粉和鹽，也會用香草或蘭姆酒增添風味。和一般的沙布列餅乾相比，布列塔尼的沙布列因含有較多的奶油成分，口感酥鬆且輕盈，能吃到滿口的奶油香氣。由於布列塔尼居住著從英格蘭被驅趕至此地定居的凱爾特人，因此布列塔尼奶油穌餅被認為受到英格蘭奶油酥餅（shortbread）的影響。材料上使用當地名產的含鹽奶油為其特色，因此吃起來隱約帶著鹹味。造形上，有的作法是在表面刷上蛋液再以叉子加上圖案，或是什麼都不塗直接烘烤。palet breton 的作法就是不塗抹任何東西為多。

在甜點店也能買得到布列塔尼奶油酥餅，不過如今大部分是工廠大量生產的成品較常見。在布列塔尼，隨處可見裝在箱子或鐵盒裡當成伴手禮販賣的奶油酥餅。

（甜點製作：下園昌江）

1. 布列塔尼的鄉土料理蕎麥粉烘餅。雞蛋、乳酪、火腿的組合是最經典的「綜合烘餅」（galette complète）口味。2. 布列塔尼的聖馬洛，有間以傳統方式製作奶油的乳酪名店「La Fromagée Jean-Yves Bordier」。3. 裝奶油酥餅用的鐵盒，上面印有布列塔尼的坎佩爾所生產的知名陶器圖案。

C 烘烤點心
O 運用當地特產製作
M 奶油、雞蛋、砂糖、麵粉、鹽

焦糖奶油酥
Kouign-Amann

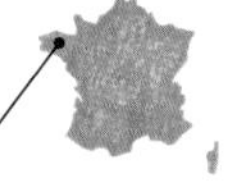

滿滿的奶油及砂糖，簡單卻華麗的滋味

使用大量的奶油，在布列塔尼方言裡直譯為「奶油甜點」之意，發音為「昆亞曼」。

它的誕生故事眾說紛云，在其起源地的杜瓦納內（Douarnenez）有個焦糖奶油酥協會，提供了總共五種說法：1. 誕生於奶油盛產但麵粉欠收的時期；2. 為了不浪費失敗的麵包麵團，在加入大量的奶油和砂糖，經過數次重疊後產生；3. 曾與挪威及丹麥貿易往來，從布列塔尼西部的杜瓦納內傳入了北歐國家的點心而產生（此說法的可信度較低）；4. 1860 年左右，由杜瓦納內的麵包師傅伊佛荷內．斯伐蒂亞（Yves-René Scordia）所發明；5. 在布列塔尼獨有的朝聖節（Pardon）時，由麵包師傅使用農夫帶來的奶油所製作誕生。

當地所看到的焦糖奶油酥尺寸較大，飽滿香濃的砂糖酥脆口感，配上馥郁多汁的奶油香甜在嘴裡擴散開來，是一款簡單卻滋味華麗的點心。（甜點製作：VIRON）

1. 在發源地杜瓦納內看到的焦糖奶油酥。特色是厚度較薄。2. 也有店家把麵團捲成圓形後烘烤。

Données

- Ⓒ 發酵點心
- Ⓞ 運用當地特產製作
- Ⓜ 奶油、砂糖、麵粉、酵母、鹽

可麗餅
Crêpe

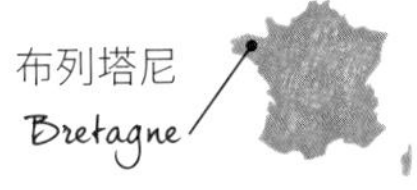

祈願春天來臨、大地豐饒的甜點

可麗餅的原型和布列塔尼奶油酥餅（P76）一樣，有著古老的起源由來。中世紀時期，十字軍從中國帶回蕎麥而開始在布列塔尼大量種植。因此誕生了蕎麥粉製作的烘餅，之後又誕生了以麵粉製作的可麗餅。蕎麥烘餅一般搭配蔬菜、雞蛋等，是主食的一種；以麵粉製作的可麗餅則會搭配奶油及砂糖，算是一道甜點。

法國的 2 月 2 日是聖燭節（Chandeleur）。源自古羅馬時代為了祈求富饒及豐收的牧神節（Lupercales），之後被天主教納為其宗教儀式之一。chandeleur 意為蠟燭，最初是人們手持蠟燭出席儀式，漸漸演變成烤可麗餅食用的習俗。因為在這段期待春天到來的日子裡，可麗餅完美的圓弧形及金黃色澤，讓人們聯想到太陽的光線以及豐饒的景象。

話說，在烤可麗餅時可以試試自己的運氣。左手握著一枚硬幣，右手如果能把可麗餅甩高並成功翻面的話，接下來的這一年都會有好運！（甜點製作：下園昌江）

1. 雷恩傳統市集上的可麗餅攤位。2. 可麗餅搭配布列塔尼名產蘋果氣泡酒。

Données

- C 烘烤點心
- O 天主教的宗教儀式
- P 可麗餅麵糊
- M 奶油、雞蛋、砂糖、麵粉、牛奶

布列塔尼蛋糕
Gâteau Breton

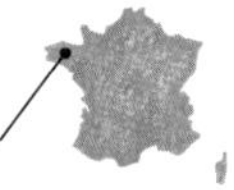

受到乘船者喜愛，可維持多天不變質的烘烤點心

這款點心的誕生可以追溯至 19 世紀末。一名瑞士甜點師和來自布列塔尼地區莫爾比昂省（Morbihan）路易港（Port-Louis）的女性結婚後，在 1863 年於巴黎舉辦的世界博覽會中，創作了布列塔尼蛋糕的原形「洛里昂蛋糕」（gâteau lorientais）。這款蛋糕之後在莫爾比昂省的洛里昂聲名大噪，最後以「布列塔尼蛋糕」之名廣傳開來。在宗教節慶或家庭節日時會食用之外，也因為它可以維持多日不變質，對乘船旅行的人來說，是相當珍貴的點心。乘船者只要吃下這款蛋糕，就能滿足思鄉的情緒吧。

烤成又厚又大的圓形，作法是簡單地只烤麵團，或加入水果乾、果醬之類的夾心後再烘烤。最經典的裝飾法是在表面刷上蛋液，再用叉子畫出格子紋路。能在甜點店或傳統市集上買到，每個家庭也有各自世代相傳的食譜。最近在洛里昂，曾經舉辦過針對布列塔尼蛋糕的業餘愛好者的世界大賽。（甜點製作：SUCRERIES NERD）

1. 甜點店裡排列著切成正方形的布列塔尼蛋糕，相當罕見。2. 中間的夾心有許多種類，但夾心蜜李最為常見。

Données

Ⓒ 烘烤點心
Ⓜ 奶油、雞蛋、砂糖、麵粉、鹽、水果加工品

法布荷頓布列塔尼布丁
Far Breton

布列塔尼地區家庭裡最熟悉的滋味

古羅馬時代，把磨得細碎的小麥粉裡加入水，攪拌成粥狀的東西就是「far」的起源。在布列塔尼地區有一種名為「kig ha farz」傳統料理，是把蕎麥粉做成的麵團裝入袋子裡，再和肉類或蔬菜一起熬煮成類式法式燉菜鍋（pot-au-feu）一樣的菜餚。通常 far 是在節日或宗教儀式時所吃的甜食，演變成今日的法布荷頓布列塔尼布丁。

這款點心究竟何時出現的，目前沒有定論，不過確認至少在 18 世紀的文獻裡已經有所記載。傳統作法只有使用麵團烘烤，到了 19 世紀開始加入蘋果、葡萄乾、夾心蜜李等水果，也會以蘭姆酒或香草增添香氣。只要把材料全部混合後即可放入烤箱，作法簡單，是普通家庭也會準備的點心。順帶一提，在此地區的布列塔尼方言寫做「farz fourn」，意即以烤爐烘烤過的麥子。

（甜點製作：Averanches Guesnay）

有的店家會以大型的烤盤烘烤，再切成四方形販售。

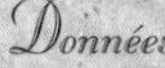

Données

Ⓒ 烘烤點心
Ⓜ 奶油、雞蛋、砂糖、麵粉、牛奶、李子等

鹹味牛奶糖
Caramel au Beurre Salé

布列塔尼特產的含鹽奶油是味道的關鍵

在布列塔尼的路上，只要能看得到甜點店、傳統市集、伴手禮商店，就能找得到牛奶糖。除了以透明的玻璃紙包裝起來的糖果外，還有焦糖漿、焦糖糊之類的商品。它們的共同特色是以含鹽奶油來製作。

和其他地區比起來，布列塔尼的含鹽奶油消費量高出許多，日常生活裡都會用上。法國從中世紀開始，就會在奶油裡加鹽以達到保存的目的。到了 1343 年，菲利浦六世開始對鹽徵稅，由於稅金過高促使無鹽奶油變得普及。在布列塔尼地區，由於以前布列塔尼公國的公主嫁給了法蘭西國王，擁有特權可以免除鹽稅，因此含鹽奶油得以保留下來。

鹹味牛奶糖在很長一段時間裡，都是普通家庭的自製點心。但是在布列塔尼南部基伯龍（Quiberon）的糖果鋪「Henri Le Roux」，其創立者亨利．勒胡（Henri Le Roux）把這款牛奶糖變得更為精緻後，不但大受歡迎，也成功使其聲名遠播。（甜點製作：Henri Le Roux）

1. 位於基伯龍的「Henri Le Roux」本店。2. 在給宏德依然以傳統方法製鹽。

Données

- Ⓒ 糖果鋪
- Ⓞ 運用當地特產製作
- Ⓜ 奶油、砂糖、鮮奶油、鹽

法呂布里歐麵包
Fallue

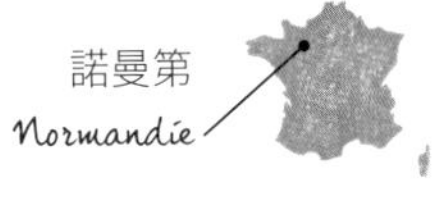

誕生於布里歐麵包發源地的主顯節糕點

諾曼第地區因為氣候溫暖而酪農業興盛，是知名的奶油產區。因此也被認為是含有大量奶油的布里歐麵包的發源地。關於布里歐「brioche」的語源有四種說法：1. 從諾曼第方言「brier」（壓碎）衍生而來；2. 曾經以布里起司（Brie）為原料；3. 是由布列塔尼的鄉村小鎮聖布里厄（Saint-brieuc）的麵包師傅所發明；4. 從聖布里厄居民的代名詞「briochin」衍生而來。

諾曼第的傳統布里歐麵包「法呂」歷史悠久，在 13 世紀關於主顯節的詩歌裡就已經出現。據說在國王派出現以前，諾曼第地區的人們在主顯節時吃的就是法呂。細長的橢圓形，以及烘烤前用剪刀剪出開口為法呂的特色。也寫作「falue」，在諾曼第方言裡指的是「胃」的意思。（甜點製作：Passion de Rose）

1. 以大型吐司麵包模型烤出來的南特爾布里歐麵包（brioche Nanterre）。
2. 左邊是烤成縱長形的慕斯林布里歐麵包（brioche mousseline）。

Données

- C 發酵點心
- O 運用當地特產製作、天主教的宗教儀式
- P 布里歐麵團
- M 奶油，雞蛋、砂糖、麵粉、鮮奶油、鹽

諾曼第蘋果塔

Tarte Normande

想嘗遍諾曼第蘋果的各種滋味，就是這一道

諾曼第蘋果塔是使用塔皮或布里歐麵團鋪在塔模底部，整齊擺放上新鮮蘋果，再倒入混合了鮮奶油、雞蛋、砂糖的奶醬後，烘烤而成的甜點。由於食材都很簡單，所以蘋果的酸度及口感相當明顯。大多數的作法是直接使用新鮮蘋果，不過有些作法也會先把蘋果以奶油和砂糖炒過。這麼做可以使蘋果的味道更加豐富且更有深度。

多雨且溫暖的諾曼第地區，是蘋果的知名產區。此地人家的庭院裡會種植不同品種的蘋果樹，據說可以拉長整個蘋果的收成時期。也正因如此，使用不同時期所採收的不同品種蘋果來製作蘋果塔，口味也會有所變化，新鮮又有趣。

至於蘋果的切法，當地多是切成半月形，不過也有人會切成條狀。切成條狀的蘋果可以跟奶醬更好結合，口感也截然不同。同樣是蘋果塔，因為有著親切溫暖的外表，給人像是老奶奶般的親和力，也被稱為「祖母塔」（tarte grand mère）。

因為是蘋果產地，諾曼第除了蘋果塔外，也有許多蘋果口味的其他點心。把蘋果用派皮包起來後以烤箱烘烤，做成布爾德羅蘋果酥（bourdelot），把蘋果中心的果核挖空，塞入燉蘋果泥或奶油後再烤成的烤蘋果（pomme au four）。順道一提，以蘋果加工成酒，也是諾曼第的一大名產。像是蘋果氣泡酒、蘋果白蘭地、混合蘋果汁及蘋果白蘭地再經過熟成的諾曼地蘋果酒（Pommeau）。（甜點製作：Averanches Guesnay）

1. 蘋果切成條狀，可以跟奶醬結合得更好，口感滑順。2. 蘋果白蘭地。3. 在諾曼第也能看到蘋果造形的點心。4. 傳統市集上各式不同品種的蘋果。

Données

- Ⓒ 烘烤點心
- Ⓞ 運用當地特產製作
- Ⓟ 千層派皮麵團、酥脆塔皮麵團或布里歐麵團
- Ⓜ 奶油、雞蛋、砂糖、麵粉、鮮奶油、蘋果

盧昂米爾立頓杏仁塔
Mirliton de Rouen

從盧昂延伸出去的樸素點心塔

在派皮裡填滿杏仁奶油餡，灑上糖粉後烘烤的小型點心塔。米爾立頓杏仁塔的特色是口感單純，充滿杏仁香氣。發源地在諾曼第地區，但以盧昂製作的最為有名，因此被稱作是盧昂的米爾立頓。在 19 世紀的教科書裡已經確認記載過它的存在。

關於米爾立頓這個名字的由來，有許多不同說法。有一說是從法文的「騎兵的帽子」（mirliton）而來，或直接使用 19 世紀後半一間當紅的音樂咖啡館（café-concert）的名字「Mirliton」（樂器「蘆笛」之意），或是擷取路易十五世統治期間所鑄造的金幣為靈感而誕生。

奶醬的作法一開始是普通家庭的配方——混合雞蛋及砂糖，但盧昂的奶醬加入了諾曼第特產的優質鮮奶油，滋味更豐富。如今更有加入了橙花水、果醬，或是蘋果、杏桃等當季水果的版本，有許多不同的變化。

（甜點製作：ARCACHON）

1. 盧昂的地標，文藝復興風格的大鐘。2. 甜點店裡堆疊的盧昂米爾立頓杏仁塔。

Données

- Ⓒ 烘烤點心
- Ⓞ 運用當地特產製作
- Ⓟ 千層派皮麵團或酥脆塔皮麵團
- Ⓜ 奶油、雞蛋、砂糖、杏仁、麵粉、鮮奶油

諾曼第沙布列
Sablé Normand

酪農業繁榮土地的標配——大量的奶油

沙布列指的是奶油風味濃郁、口感酥脆的餅乾。一般認為它起源於19世紀之前的諾曼第地區。關於沙布列的由來有三種說法：1. 鄰近諾曼第地區的羅亞爾河地區，有個城鎮名為薩特河畔薩布萊（Sablé-sur-Sarthe），由此而來；2. 使用亨利四世的王后瑪麗．德．梅迪奇的一位女侍沙布列公爵夫人的名字而來；3. 因為餅乾口感酥鬆清脆，像是砂子（sable）散開了似的，因而得名。事實上在甜點製作過程裡，「sabler」這個動詞，指的就是把粉末和油脂混合後做成細緻的顆粒狀。

諾曼第地區有一半的土地為牧草，是全法國最優質的酪農地區。所以諾曼第沙布列使用的材料，有諾曼第地區品質良好的奶油、麵粉及當地的特產。以往這款餅乾多為農家製造，如今已是工廠大量生產的狀況，全法國都能買得到。基本的材料為奶油、雞蛋、砂糖、麵粉，也有種作法是在麵團裡混合過篩後的水煮蛋蛋黃。

（甜點製作：Passion de Rose）

1. 諾曼第地區廣闊的田園風景。2. 酪農業相當興盛，有許多優質乳製品。

Données

C 烘烤點心
O 運用當地特產製作
P 沙布列麵團
M 奶油、雞蛋、砂糖、麵粉

5

Centre-Val-de-Loire
Pays-de-la-Loire

中央羅亞爾河谷
羅亞爾河

地區特色

位於羅亞爾河流域的兩個地區：中央羅亞河谷及羅亞爾河。此一帶曾經是王公貴族們以蓋城堡來互別苗頭的地方，也是享受打獵樂趣的最佳地點。因為羅亞爾河的海洋型氣候，一整年的降雨量穩定，受到溫暖氣候的恩惠，自古以來農業及畜牧業都很繁盛，以美食聞名。

中央羅亞爾河谷地區因為擁有穩定的天氣和美麗的大自然風光，被稱為「法國的庭園」，從千年前起就是葡萄園及釀酒廠據點的所在地。自 15 世紀時國王查理七世在此地建築了第一座城堡起，持續了兩百多年都是政治及文化中心，相當繁榮。

羅亞爾河地區位於羅亞爾河下游寬廣的平原地帶。因奧爾良（Orléans）及南特兩大城市連線成為交通中轉樞紐而繁盛。面對大西洋的沿岸地帶有著許多美麗的海濱度假村，吸引許多人潮。

飲食文化特色

此地區除了農業及畜牧業之外，羅亞爾河也有鰻魚及一種名為狗魚的河魚，索洛涅森林（la forêt de Sologne）裡有野鹿、山豬等野味，同時也是各種菇類的藏寶庫。博斯（Beauce）地區是一處廣大的平原地帶，主要栽種小麥，以法國穀倉而知名。

水果的收成也相當豐富，許多甜點都使用水果製作。最有名的就是法國甜點的代表之——翻轉蘋果塔。此外也有許多點心以城鎮名稱來命名，像皮提維耶杏仁派、科爾莫里馬卡龍、南特奶油酥餅、南特蛋糕等。

以甜點材料的橙皮做成的利口酒「君度橙酒」，是居住在羅亞爾河地區昂傑（Angers）的君度（Cointreau）家族所發明。

翻轉蘋果塔
Tarte Tatin

因為失敗而誕生的上下顛倒蘋果塔

翻轉蘋果塔最初的起源是索洛涅（Sologne）地區的小鎮拉莫特波宏（Lamotte-Beuvron），創立於 1894 年的塔當旅館（Hôtel Tatin）。在 20 世紀初，旅館老闆塔當的兩個女兒因為失敗的巧合而創作出來的甜點。某個週日，姐姐史蒂芬妮正在製作蘋果塔。當天因為忙碌的關係，慌亂之中忘了在模型裡鋪上塔皮，只放了蘋果就送入烤箱。情急之下趕緊把塔皮加在表層烘烤，出爐後上下反轉，發現蘋果被焦糖完全滲透，竟然極其美味。這道甜點獲得盛讚，從此被稱為「塔當蘋果塔」（tarte Tatin），時至今日依然深受歡迎。

作法是在模型裡塗上大量奶油，灑上砂糖，擺上每顆平均切成 4 片的蘋果。上面再放上奶油，灑上砂糖，最後蓋上塔皮。蘋果烤得上色、砂糖變成焦糖狀的翻轉蘋果塔，凝聚了蘋果的各種美味。出爐後只要上下翻轉呈盤即可。

蘋果一般適合用來製作果汁量不多、果肉緊實的甜點；不過就算是用變軟的蘋果來製作翻轉蘋果塔也一樣好吃。這當中又以產季在 9 月底到 10 月的雷內特（Reinette）品種最為適合。

如今塔當旅館仍然存在鎮上，也依舊能吃到當時意外誕生的美味。旅館內仍保有當年塔當姐妹所使用的爐灶。此外，鎮上每年都有「翻轉蘋果塔守護協會」所舉辦的翻轉蘋果塔慶典。可以看到販賣這道甜點的攤位並列，以各家自製的翻轉蘋果塔相互競賽的畫面。

（甜點製作：VIRON）

1.「塔當旅館」外觀。2. 旅館如今仍保留爐灶。3. 在旅館裡還能品嘗得到當時的美味。4. 鎮上販賣的翻轉蘋果塔，烤得通透，蘋果果肉形狀幾乎已看不見。

Données

- C 烘烤點心
- O 因意外而誕生
- P 酥脆塔皮麵團
- M 奶油、雞蛋、砂糖、麵粉、蘋果、鹽

皮提維耶杏仁派
Pithiviers Feuilleté

中央羅亞爾河谷
Centre-Val-de-Loire

來自小鄉鎮的濃郁杏仁派

位於中央羅亞爾河谷地區的小鎮皮提維耶，是從古羅馬人統治法國領土的「高盧羅馬」（Gallo-Romaine）時代即已存在的歷史村莊。此地因是交通要塞而繁榮，也是穀物的儲藏地點，據說也是經由羅馬人才把杏仁傳入法國。

而這款使用大量杏仁的點心，就跟皮提維耶用了同樣的名字。如今提到皮提維耶，指的是以派皮和杏仁奶油餡所製作的「皮提維耶杏仁派」（pithiviers feuilleté），或是在淋上淋面的杏仁蛋糕上，以糖漬水果裝飾的「皮提維耶翻糖蛋糕」（pithiviers fondant）（P94）這兩種。

皮提維耶杏仁派是在圓形或花瓣形狀的千層酥皮上，加入杏仁奶油餡後烘烤的點心。和主顯節時所吃的國王派（P118）作法相同。差別在於皮提維耶杏仁派裡沒有瓷偶（fève），而且一整年都看得見。再更仔細一點說明的話，皮提維耶杏仁派一般來說較厚，而國王派則較薄。詢問當地的甜點店，得到的答案是「其實是一樣的，只不過國王派裡的杏仁奶油餡更多」。

和如今的皮提維耶杏仁派外型接近的點心，經過確認在18世紀便已存在，至於它的起源則有個相當饒富趣味的故事。16世紀時，法蘭西國王查理九世在皮提維耶近郊的森林被胡格諾教派（Huguenot）的強盜給俘虜。當強盜們發現捉到的竟是國王時，便請國王吃了酥皮肉醬派（pâté）。由於酥皮肉醬派太過美味，被釋放的國王便特赦了強盜們，並且把製作這道料理的皮提維耶甜點師，任命為皇室御用而享有特權。因而這位甜點師便把自己創造出來的酥皮肉醬派，加上模仿查理九世的馬車車輪造形。而這據說就是皮提維耶杏仁派的起源。

（甜點製作： ARCACHON）

在皮提維耶鎮上，有許多甜點店都販賣著皮提維耶杏仁派。

Données

- Ⓒ 烘烤點心
- Ⓞ 受到外國影響而誕生、因歷史典故而誕生
- Ⓟ 千層派皮麵團
- Ⓢ 杏仁奶油餡
- Ⓜ 奶油、雞蛋、砂糖、杏仁、麵粉、鹽

皮提維耶翻糖蛋糕
Pithiviers Fondant

中央羅亞爾河谷
Centre-Val-de-Loire

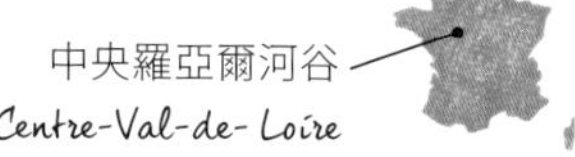

另一個帶有相當歷史的皮提維耶點心

誕生於皮提維耶鎮上的另一道「皮提維耶點心」，就是皮提維耶翻糖蛋糕，也是這個鎮上的傳統糕點。在皮提維耶杏仁派（P93）的介紹裡也曾提及，據說杏仁是經由羅馬人傳到該鎮。這道甜點，就是使用大量杏仁粉製作成香濃的麵團，最後再淋上淋面（翻糖）而成，再使用糖漬櫻桃、糖漬水果或堅果做裝飾點綴。一口氣享受滿滿的杏仁風味加上翻糖香甜，是一道口感奢華的點心。它還有另一個別稱叫做「皮提維耶糖霜蛋糕」（pithiviers glacé）。

提到皮提維耶的點心，如今是以皮提維耶杏仁派較為知名，但是皮提維耶翻糖蛋糕的歷史卻久遠許多，據說在 7 世紀時就已經存在。最初是像烘餅般以麵粉、雞蛋做成的未發酵扁平點心，到了 16 世紀因為奶油在一般家庭普及開來，因而演變成如今的樣貌。

（甜點製作：下園昌江）

不同店家所販賣的裝飾各異其趣，充滿獨特色彩。

Données

- Ⓒ 烘烤點心
- Ⓞ 運用當地特產製作
- Ⓢ 翻糖
- Ⓜ 奶油、雞蛋、砂糖、杏仁、麵粉、糖漬櫻桃、糖漬水果等

蒙塔日果仁糖
Praline de Montargis

中央羅亞爾河谷
Centre-Val-de-Loire

緣起於公爵，香氣迷人、入口爽脆的點心

煎焙過後的杏仁，以砂糖煮成的焦糖包覆起來，就是中央羅亞爾河谷地區的名產。

這款點心是在 17 世紀時，由侍奉普拉蘭伯爵（Comte Plessis-Praslin）的廚師克雷蒙・賈盧佐（Clément Jaluzot）所發明。不過故事的經過有兩個版本：1. 當時他正在製作牛軋糖，因為黏鍋了，所以用杏仁下去混合翻炒；2. 他前往波爾多（Bordeaux）時，看到廚房裡的孩子們把砂糖灑在杏仁上後烘烤，因而得到了靈感。無論緣由是哪一個，果仁糖的美味瞬間擄獲了許多人的心，因而以伯爵的名字 Praslin 的陰性名詞 praline 來稱呼它。之後克雷蒙在蒙塔日成立了一家果仁糖專賣店。而他的祕傳配方由 1903 年創業的 MAZET 公司繼承。包裝設計圖案則是蒙塔日的米哈波廣場（Place Mirabeau）及 MAZET 本店。

（點心協助：片岡物產［MAZET］）

1. MAZET 本店美麗的哥德復興式裝飾。2. 以糖漿包覆杏仁的過程。

Données

Ⓒ 糖果鋪
Ⓜ 砂糖、杏仁

圖爾牛軋蛋糕

Nougat de Tours

喚醒傳統味蕾的圖爾名產糕點

位於中央羅亞爾河谷地區，圖爾被稱為是講最正統法語的城市，當地的名產便是牛軋蛋糕。是在塔皮內刷上杏桃果醬，散放上糖漬水果，表面擠上以蛋白霜和杏仁混合而成的麵糊，最後再灑上糖粉後烘烤而成的糕點。是誕生於 15 世紀都蘭省（Touraine，以圖爾為中心的法國舊行政區）的點心。

據說食譜最早被發現於摩納哥親王查理三世的廚師於 1865 年出版的書中。這道曾經一度被遺忘的甜點，在 1970 年時再次被都蘭省的甜點師端出檯面。1988 年為了推廣圖爾牛軋蛋糕，不但成立了協會，還舉辦一年一度的技術競賽。時至今日，在圖爾市內許多甜點店都能看到牛軋蛋糕的身影。不同店家所使用的材料或麵團也不盡相同。但是圖爾所生產的，會附上「veritable」（真正的）的標示牌，得以與其他城市所生產的作為區別。

（甜點製作：BLONDIR）

1. 有「驗明正身」認證的圖爾牛軋蛋糕。2. 迷你牛軋蛋糕。

Données

- Ⓒ 烘烤點心
- Ⓞ 運用當地特產製作
- Ⓟ 甜酥麵糰
- Ⓢ 馬卡羅那德奶蛋糊（macaronade）
- Ⓜ 奶油、雞蛋、砂糖、杏仁、麵粉、杏桃果醬、糖漬水果

安茹鮮奶油蛋糕
Crémet d'Anjou

輕柔的鮮奶油加上鮮紅沾醬的魅力

舊安茹地區城市昂傑及索慕爾（Saumur）的代表名產，最初被稱為「鮮奶油乳酪」（fromage de crème），經確認 1702 年時便已存在。當中曾消失了一段時間，直到 1890 年才再度出現。廚娘瑪麗．荷內奧姆（Marie Renéaume）在某宅邸工作時發覺甜點不夠了，便在鮮奶油裡加入蛋白霜後放入紅酒杯中，再以鮮奶油和香草糖裝飾，端出了一道甜點。之後她在昂傑開了間食品店，販賣以鮮奶油和蛋白所製作的「crémet」並大獲成功。據說 crémet 就是奶餡（crème）所衍生的詞彙。現今的安茹鮮奶油蛋糕，作法多為混合鮮奶油、白乳酪及砂糖後，再加上蛋白霜。先以紗布包裹起來，再放入可以瀝水的有洞陶器模型內冰涼後固定。它和酸味鮮明的莓果醬汁相當合拍，比起在甜點店選購，在乳酪專賣店購買或餐廳裡享用較多。來自安茹的美食家科儂斯基（Curnonsky）盛讚這道點心為「天神的恩賜」。

（甜點製作：Patissier Shima）

安茹的小酒館所提供的甜點——安茹鮮奶油蛋糕。配上大量鮮紅的莓果醬汁。

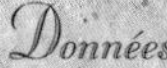

- Ⓒ 餐後甜點
- Ⓢ 水果醬汁
- Ⓜ 蛋白、砂糖、鮮奶油、奶酪

南特奶油酥餅
Galette Nantaise

來自餅乾之城的香濃酥餅

南特位於羅亞爾河流向大西洋的出口處，充滿濃濃奶油及杏仁風味的餅乾——南特奶油酥餅是當地傳統名產。南特是法國西部的大都市，直到 1941 年為止都屬於布列塔尼地區。10 世紀時南特是布列塔尼公國的首都，有著繁華的宮廷文化底蘊，也是此地區向外發展的中心。即使在 16 世紀被法國合併，依然是進口砂糖、香料的貿易港口而繁榮興盛。此外，南特也是法國的國民餅乾品牌「LU（Lefèvre-Utile）」和「BN（Biscuiterie Nantaise）」這兩家公司的發跡地，身為餅乾之城而為人熟知。

布列塔尼同時也是優質奶油的產地。南特奶油酥餅便是使用當地的奶油，加上砂糖、麵粉、杏仁粉及雞蛋，混合成麵團後，再以模型壓出圓形或菊花的形狀，刷上蛋液，表面按上格紋。味道簡單樸實，和布列塔尼地區的布列塔尼奶油酥餅（P76），在形狀及格紋圖案上有許多共同特徵。（甜點製作：Passion de Rose）

1. LU 公司出品的餅乾。2. LU 公司的舊工廠，有著新藝術運動風格。現在為商業用地。

Données

- Ⓒ 烘烤點心
- Ⓞ 運用當地特產製作
- Ⓟ 沙布列麵團
- Ⓜ 奶油、雞蛋、砂糖、杏仁、麵粉

南特蛋糕
Gâteau Nantais

因貿易而繁榮的港口城市裡，人人都喜歡的甜點

表面覆蓋糖衣，漾著蘭姆酒香氣的杏仁蛋糕。Nantais 是南特（Nante）的形容詞，gâteau 則是蛋糕類的總稱，所以 gâteau nantais 意即「南特的蛋糕」。

南特在 18 世紀時，因歐洲和美洲大陸、西印度群島及非洲大陸之間所進行的「三角貿易」而繁榮。位於流入大西洋的羅亞爾河河口附近，南特活用了其先天的地理條件優勢，在當時甚至被稱為「西威尼斯」，相當繁華。因此從南特進口了來自安地列斯群島以甘蔗製成的砂糖及蘭姆酒，還有草香莢。而大量使用這些材料製作的甜點，便是南特蛋糕。

這道甜點是在 1820 年時由南特的「福亞斯麵包」（fouace，羅亞爾河一帶人們所吃的麵包）職人發明，被顧客當成款待自家客人用的糕點而大受歡迎。之後雖然被短暫遺忘了一段時間，經由餅乾製造商「LU」於 1910 ～ 1972 年期間的銷售而廣為流傳。如今它已成為南特的傳統點心，大家都喜歡。（甜點製作：下園昌江）

1. 在南特的傳統市集上，由農家製作販售的南特蛋糕。
2. 因貿易而繁榮的南特港口。

Données

- Ⓒ 烘烤點心
- Ⓞ 受到外國影響而誕生
- Ⓢ 淋面
- Ⓜ 雞蛋、砂糖、杏仁、麵粉、蘭姆酒

6

Bourgogne
Rhône-Alpes
Franch-Comté
Champagne-Ardenne

勃根地
隆河—阿爾卑斯
法蘭琪—康堤
香檳—亞爾丁

地區特色

勃根地為巴黎東南方廣闊和緩的丘陵地帶，被宏偉的大自然所擁抱。自古羅馬時代起便是交易的中心地帶，相當發達。此地為勃根地公爵的領土，在 14～15 世紀時首都為第戎，勢力範圍曾經擴及至今天的比利時、荷蘭，其權勢甚至超越法蘭西王國的皇室。

隆河—阿爾卑斯地區位於法國東南部，有歐洲阿爾卑斯山的最高峰白朗峰（Mont Blanc）及萊芒湖（Lac Léman），受到美麗且雄偉的大自然恩賜庇護。

法蘭琪—康堤緊鄰瑞士邊境，順著侏羅山脈（Jura）延伸至山腳下。有著大片茂密的森林，自然景觀美麗而開闊。

香檳—亞爾丁位於法蘭西島地區的東方，屬於塞納河流域。以亞爾丁高地與鄰國比利時相隔。

飲食文化特色

提到勃根地，最具代表性的就是紅酒了。曾為勃根地公國首都的大城第戎，其南方地區名為金丘（Côte d'Or），出產高品質的紅酒。此外，法國蝸牛、夏洛萊牛、香料麵包等也廣為人知。

隆河—阿爾卑斯地區有法國第二大都市里昂（Lyon），擁有第二多的米其林星級餐廳，是著名的美食之都。高品質紅酒產地的隆河丘（Côtes du Rhône）也位於此地區。索恩河對岸延伸出去的是以養雞聞名的布雷斯（Bresse）地區。在甜點方面，較為知名的有使用獨特紅色果仁糖的甜點，以及里昂枕頭糖。

法蘭琪—康堤地區有相當特別的黃葡萄酒（vin jaune）及風乾葡萄酒（vin de paille），還有以康提起司（Comté）為首的數種乳酪。

香檳—亞爾丁地區則是 17 世紀時修道士發明香檳的產地，因而當地有著與葡萄酒或香檳相關的菜餚及甜點。

第戎香料麵包
Pain d'Épices de Dijon

據說是從中國傳來的香料點心

這款點心的起源，據說是10世紀時首先在中國出現，以麵粉和蜂蜜為原料的糕點「Mi-Kong」。也有傳聞在13世紀時，是蒙古的成吉思汗出征時的軍糧，並因此傳至阿拉伯國家，因為11世紀的十字軍東征，最終傳入了歐洲。應該也是這個時期，配方裡使用了香料。1369年佛蘭德女伯爵瑪格莉特三世（Marguerite III de Flandre），嫁給勃根地公國的菲利浦二世，所以勃根地的第戎也開始製作這道點心了。

Pin d'Épices，直譯就是香料麵包。正如同它的名稱，使用多種調味料如肉桂、丁香、薑、茴香、肉豆蔻等烘烤而成。偶爾也會混合切細的糖漬橙皮或檸檬皮。基本上使用麵粉製成，但很久以前也使用過黑麥粉，如今的作法便維持混合黑麥粉的佛拉蒙風格。外形大部分是磅蛋糕的形狀，但也有被稱為諾內特小蛋糕（nonnettes）的小圓形狀，或薄餅狀、棒狀。

除了第戎以外，法國其他地方也看得見香料麵包的身影。受到德式薑餅影響的亞爾薩斯香料餅乾（P57）、使用孚日山區冷杉蜂蜜製作的洛林地區雷米雷蒙市（Remiremont）的諾內特小蛋糕，以及皮提維耶的香料麵包等。此外在香檳區大城蘭斯（Reims），有從1596年起便受到法國國王亨利四世認可的香料麵包同業組織存在。如今它已是全法國人都相當熟悉且喜愛的點心之一。（甜點製作：BLONDIR）

1

2

3

4

1. Nonnettes為修女之意。有時候會有果醬夾心，以柑橘果醬最為常見。2. 切成大塊的香料麵包。3. 1796年創業的香料麵包專賣店「Mulot et PetitJean」。4. 店內販賣的香料麵包專用盒。

Données

- Ⓒ 烘烤點心
- Ⓞ 受到外國影響而誕生
- Ⓢ 淋面
- Ⓜ 雞蛋、蜂蜜、砂糖、麵粉、黑麥粉、牛奶、香料、膨鬆劑

弗拉維尼茴香糖
Anis de Flavigny

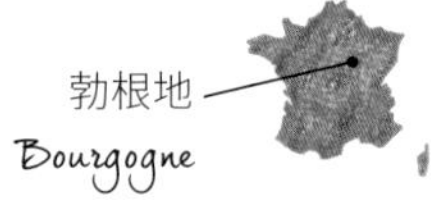

有如珍珠般白色渾圓的美麗糖果

勃根地地區的奧澤蘭河畔弗拉維尼（Flavigny-sur-Ozerain），被譽為「法國最美小鎮」（Les Plus Beaux Villages de France）之一，環繞著茴香的香氣。茴香是繖形科植物，自古以來便用於香料或藥草。西元前 52 年左右，據說是為了治療此地的士兵而引進種籽。到了中世紀，砂糖開始出現，於是有了把茴香種籽以糖衣包裹起來的小糖果，也就是弗拉維尼茴香糖。在偌大的鍋子裡，放入茴香籽及混合天然香料的糖漿後旋轉，這樣持續操作 15 天後，就會變成美麗的圓球狀。如此精湛的成品，據說受到法王路易十四的喜愛。

從 1591 年的記載看到，村莊裡的本篤會修道院已經製作這款糖果。之後歷經法國大革命，修道院遭到大規模的破壞，修士們也被迫離散至各地。但是建築物有一部分仍舊不變地製造糖果，如今在往昔修道院的舊址，仍以傳統製法繼續傳承下去。

©Marc Trouba

©AnisdeFlavigny

1. 糖果的主角——茴香。2. 1930 年代工廠的樣貌。每顆糖果都是職人親手完成。

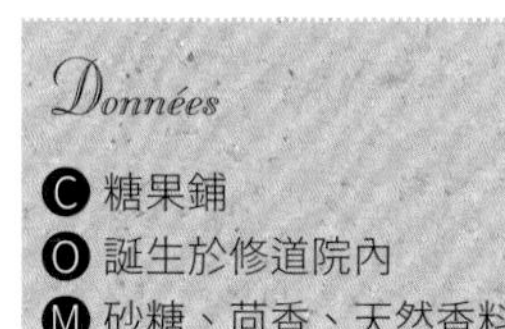

Données

C 糖果鋪
O 誕生於修道院內
M 砂糖、茴香、天然香料

杏仁脆餅
Croquet aux Amandes

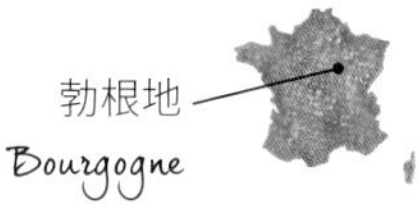

由杏仁擔任主角的清脆餅乾

如同它的法文原名直譯，就是杏仁口味的酥脆餅乾。croquet 在法文裡有「清脆口感」之意。也可以說杏仁脆餅是從香料麵包（P103）衍生而來，除了勃根地之外，里昂、波爾多等地也有脆餅，而根據地區的不同，形狀口味也各有差異。乍見外形有些類似義大利的鄉土點心義式硬脆餅（biscotti），而義式硬脆餅是經過二次烘烤，餅如其名相當脆硬；杏仁脆餅則因只烘烤一回，硬度適中。

勃根地地區的東齊鎮（Donzy），至今仍保留杏仁脆餅的食譜。這個村莊所製作的脆餅，被稱為「東齊脆餅」（croquet de Donzy），最原始的食譜是在 19 世紀初，由村裡的甜點師波南．迪昂（Bonin Dion）所創作，之後註冊了商標專利。而依據他的食譜所製造的脆餅，如今則由村裡的餐廳「Grand Monarque」所提供。東齊脆餅是東齊鎮的知名點心，眾所周知。在商店裡能買得到各種口味及硬度。（甜點製作：下園昌江）

脆餅成形的樣子，有時也會做成冰盒餅乾的樣貌。

Données

Ⓒ 烘烤點心
Ⓞ 運用當地特產製作
Ⓜ 雞蛋、砂糖、杏仁、麵粉

佩魯日烘餅
Galette Pérougienne

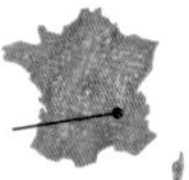

樸素的發酵糕點，為村莊的興建貢獻心力

佩魯日位於里昂郊外的山丘上，是個被城牆包圍起來的小村莊，被票選為「法國最美小鎮」之一。由古羅馬時代從義大利佩魯賈（Perugia）移居此地的人們漸漸打造而成，也因此得名。自中世紀起便以絲綢產業而繁盛，但進入 19 世紀，里昂因工業革命迅速蓬勃發展，導致佩魯日衰敗而人口銳減。村鎮一度面臨存續危機，為了使佩魯日能保留下來，進行了石板路及城牆的修建，如今成為體驗中世紀街景風情的知名觀光地點。

佩魯日烘餅是佩魯日的名產。是在發酵麵團裡以檸檬皮增添香氣，擀成有如披薩的圓形薄皮，整面刷上奶油灑上糖粉，經過烘烤而成的點心。最先開始製作這道點心的人，是 1912 年在鎮中央的小旅館「Hostellerie du Vieux Perouges」的瑪莉—路易斯．提波太太（madame Marie-Louise Thibaut）。樸素無華的單純美味，時至今日仍有許多觀光客慕名而來，只為一嘗佩魯日烘餅，相當受到歡迎。（甜點製作：VIRON）

1. 在餐廳裡提供發酵點心時，總是會搭配鮮奶油一起上桌。2. 把麵團擀得又薄又平，靠的是甜點師的手藝。

Données

- Ⓒ 發酵點心
- Ⓞ 運用當地特產製作
- Ⓟ 布里歐麵團
- Ⓜ 奶油、雞蛋、砂糖、麵粉、牛奶、酵母、鹽、檸檬皮

布列桑烘餅
Galette Bressane

隆河—阿爾卑斯
Rhône-Alpes

凝聚了法國乳製品的美味

位於里昂東北方約70km的布雷斯地區，跨越了三個省：安省（隆河—阿爾卑斯地區）、索恩—羅亞爾省（勃根地地區）、侏羅省（法蘭琪—康堤地區）。在料理界，布雷斯的雞肉因為其肉質鮮美而享有美譽，並且由於此地氣候穩定所以酪農業興盛，生產高品質的奶油及鮮奶油，也是乳製品的產區。布列桑烘餅就是運用了這些優質乳製品所創造的發酵點心。

布列桑烘餅和同樣位於隆河—阿爾卑斯地區的佩魯日所生產的佩魯日烘餅（P106）、法國北部的砂糖塔（P40）相似，都是把布里歐麵團擀成又大又圓且薄的底座。在表面薄薄塗上一層乳脂含量高且濕潤柔軟的鮮奶油，或是鮮奶油經過乳酸發酵後的法式酸奶油，灑上砂糖後烘烤。出爐的成品結合了奶油濃郁的香氣及鮮奶油滑潤的甘醇，是味道樸素又懷舊的好滋味。是一道能讓人完全感受法國乳製品有多麼美味的鄉土點心。

（甜點製作： VIRON）

2

1. 成品是直徑接近 30cm 的大圓形，切開後分食。2. 布雷斯產的乳製品品質優異，無鹽奶油經過 AOP 認證

Données

- C 發酵點心
- O 運用當地特產製作
- P 布里歐麵團
- M 奶油、雞蛋、砂糖、麵粉、鮮奶油、酵母

Le
Coussin
de Lyon
Voisin

里昂枕頭糖
Coussin de Lyon

隆河－阿爾卑斯
Rhône-Alpes

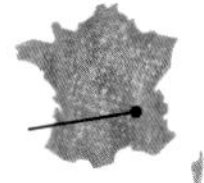

模仿絲綢枕頭形狀的杏仁膏糖

這款糖果誕生的城市里昂，歷史可以追溯至西元前。西元前 43 年，古羅馬人以現在里昂的位置為根據地，建立了殖民城市盧格杜努姆（Lugdunum）。當時以富維耶山（Fourvière）周圍作為中心建造了一座圓形劇場，歷經 2,000 年後的現在遺跡依然存在。14 世紀時此地被法國合併，到了 15 世紀，因為和義大利的貿易往來而興盛，開始有了定期市集。也因為這個契機，義大利的絲綢商人及工匠開始進駐。16 世紀時，因為法王法蘭索瓦一世制定了政策，里昂因此成為絲綢織品的重鎮而繁榮。

里昂枕頭糖的形狀，就是模仿里昂最具代表性的織品絲綢抱枕的外形，是一款色彩鮮豔的糖果。作法為以橙皮酒（orange curaçao）增加香氣後的甘納許，混和切細的杏仁顆粒，以上色後的杏仁糖膏（marzipan）包覆起來而成。就連裝糖果用的盒子，也是抱枕的形狀。由設計包裝盒的「Soyeux」和巧克力鋪「Voisin」合作，於 1960 年推出。如今枕頭糖已是里昂最具代表性的名產，深受歡迎。

至於為何以抱枕外形為靈感，是因為一件發生在里昂的事件。1643 年時，里昂發生了傳染病。為此里昂的官員排成一列登上富維耶山向聖母瑪麗亞請求，若是解除疫情蔓延的話，將以絲綢枕頭奉上 7 法鎊（3.5kg）的蠟燭和 1 枚金幣，向聖母發誓獻祭。此後，里昂的行政官員們延續此一傳統，每年伴以朝向富維耶山的三大禮砲，成為例行公事。而獻上給聖母瑪麗亞的枕頭，就是里昂枕頭糖靈感的由來。

1. 位於富維耶山丘上的古羅馬時代圓形劇場。2. 從富維耶山丘上眺望里昂的街景。3. 以絲綢抱枕為造形靈感的禮盒包裝。

Données

- C 糖果鋪
- O 因歷史典故而誕生
- P 杏仁膏
- C 甘納許
- M 砂糖、杏仁、巧克力、橙皮酒

多菲內核桃餅
Galette Dauphinoise

隆河—阿爾卑斯
Rhône-Alpes

大量使用名產核桃的糕點

以盛產核桃而知名的多菲內地區。主要以伊澤爾（Isère）、德龍（Drôme）、薩瓦（Savoie）三省為產區。多菲內產的核桃特色是不澀、香氣飽滿且甘甜。品種有法蘭克特（Franquette）、瑪耶特（Mayette）及巴黎人（Parisienne）等三種，受到AOP認證。AOP認證的條件有三個：1. 尺寸為28mm以上；2. 來自上述三個省分產區；3. 農園內核桃樹密度及灌概要求必須符合規定。只有滿足以上三個條件的核桃，才能叫做「格勒諾布爾核桃」（ noix de Grenoble）。

由於是核桃知名產區，周邊便有許多點心是以核桃製作。多菲內核桃餅就是其中之一，以焦糖和核桃填滿塔皮後烘烤而成。塔皮的香脆和焦糖微苦黏牙的口感，結合核桃飽滿的香氣，滋味豐富繽粉。其他還有沙布列、杏仁膏類點心、磅蛋糕等各式各樣使用核桃的糕點。

（甜點製作：Pâtisserie L'Authentique）

1. 傳統市集可以買到帶殼的桃核。2. 用核桃烘烤出來的「核桃蛋糕」（gâteau aux noix）。

Données

- C 烘烤點心
- O 運用當地特產製作
- P 甜酥麵糰
- M 奶油、雞蛋、砂糖、蜂蜜、麵粉、鮮奶油、核桃

紅果仁糖塔
Tarte aux Pralines Rouges

紅得令人眼睛一亮的果仁糖塔

漫步在里昂街頭時，一定會被排列在甜點店裡鮮紅色的點心塔給嚇一跳吧。這是里昂的名產，用紅色果仁糖（pralines rouge）為重點製作的塔。焦糖果仁糖據說是 17 世紀發明的，但是紅色果仁糖以及紅果仁糖塔究竟是誰、在何時發明的，則不可考。使用紅色果仁糖的發酵點心「聖杰尼布里歐麵包」（P112）在 1880 年就已存在，或許紅果仁糖塔也是差不多時期出現的吧。

作法相當簡單，把沙布列麵團鋪在塔模底部，先直接盲烤。接著把大致切碎的紅色果仁糖、鮮奶油倒入鍋裡加熱，待餡料變得濃厚，再倒入烤好的塔皮內，送入烤箱烘烤至果仁餡凝固為止。

出爐後，或許會對眼前的一片鮮紅感到卻步，但是混合了杏仁、有如焦糖般柔軟的內餡，配上沙布列酥鬆清爽的口感，好吃且不膩。如今也依然受到里昂民眾的喜愛。（甜點製作：Pâtisserie PARTAGE）

放入切碎的紅色果仁糖，煮至濃縮的內餡，無論顏色或口味都相當濃郁。

Données

Ⓒ 烘烤點心
Ⓟ 甜酥麵糰、沙布列麵團
Ⓜ 奶油、雞蛋、砂糖、麵粉、鮮奶油、紅色果仁糖

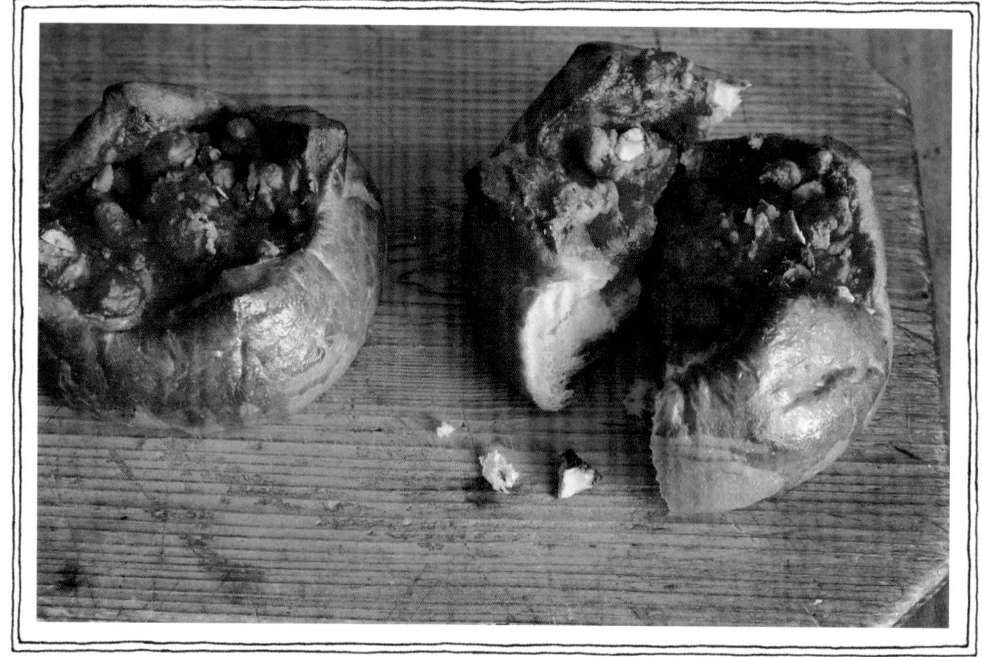

聖杰尼布里歐麵包

Brioche de Saint-Genix

隆河－阿爾卑斯 Rhône-Alpes

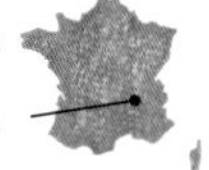

甜點外觀靈感來自西西里女聖人的乳房

這款點心麵包，是從西西里島上的聖女阿加莎（Sainte Agatha）傳說而來。在遙遠的3世紀時，西西里島的總督昆恩提阿奴斯，向有著絕世美貌的阿加莎求婚被拒後心生怒氣，切下了阿加莎的乳房。但是隔天因為聖彼得的神跡，乳房再次重生。1713年時，薩瓦公爵兼管西西里島，從這時開始將2月5日訂為聖阿加莎日，女性們則根據這則傳說製作了乳房形狀的點心。

而在布里歐麵包上以紅色果仁糖做裝飾，則是1860年左右在薩瓦省的聖杰尼修吉爾（Saint-Genix-sur-Guiers）經營旅店的一對夫妻的創作。1880年時，他們的兒子甚至在麵團裡混合了果仁糖，美味加分的布里歐麵包擄獲更多人的心。如今旅店已不存在但甜點店仍以「拉布里蛋糕」（gâteau Labully）的名字販賣這款麵包，也進行了商標註冊。不過許多店家也會製作類似美味且華麗的糕點。（甜點製作：Pâtisserie PARTAGE）

「Pâtisserie Gâteau Labully」如今的招牌商品依然是拉布里蛋糕。

Données

- Ⓒ 發酵點心
- Ⓞ 因傳說而誕生
- Ⓟ 布里歐麵團
- Ⓢ 紅色果仁糖
- Ⓜ 奶油、雞蛋、砂糖、杏仁、麵粉、紅色果仁糖、酵母

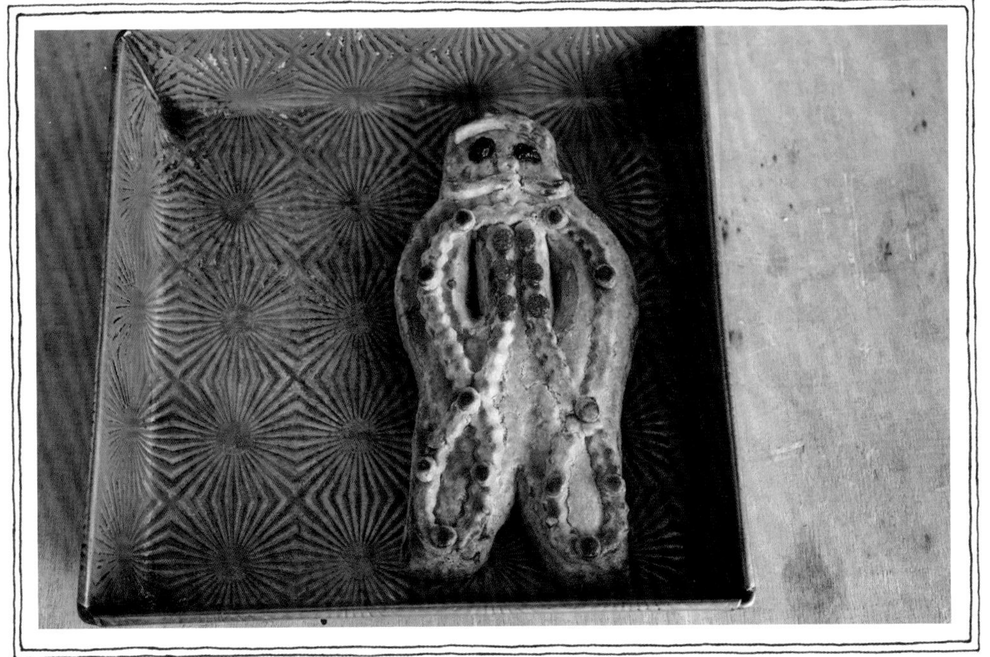

瓦朗斯瑞士人形沙布列
Suisse de Valence

以瑞士傭兵為範本的人形沙布列

代代相傳於里昂南方的瓦朗斯（Valence），看過一次便令人印象深刻的人形餅乾，是以羅馬教宗庇護六世身旁的侍衛瑞士傭兵為範本。庇護六世在法國大革命及之後的占領教宗國行動中，被法國軍隊囚禁，於 1799 年在瓦朗斯失意而亡。設計當時瑞士傭兵身上制服的人，正是大名鼎鼎的米開朗基羅（Michelangelo）。

出於某個麵包師傅的點子，為了讓大家憶起瑞士傭兵的服裝，使用糖漬橙皮製作的沙布列因而誕生。往昔是在復活節前的最後一個星期日「棕枝主日」才能食用，如今一整年都能看得見。

此外，瓦朗斯還有另一款傳統麵包「澎扭」（pogne）。圓圈狀的大形布里歐麵包，散發出橙花水的清香。從中世紀開始便存在，據說在當時是主婦們聚集在一起，以共同的烤爐一起烘烤後再食用。如今一整年都看得到澎扭，據說早期是復活節的食物。

（甜點製作：PUISSANCE）

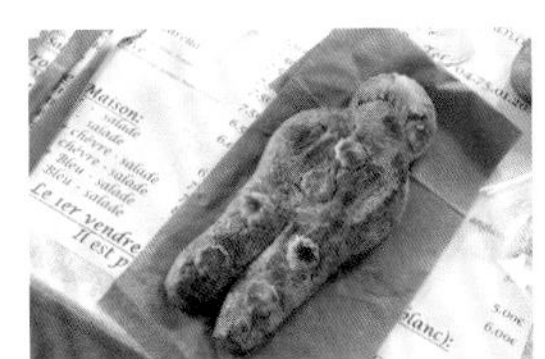

由於外形裝飾是以瑞士傭兵的樣貌為造形範本，每家甜點店的造形都不盡相同。

Données

- Ⓒ 烘烤點心
- Ⓞ 因歷史典故而誕生
- Ⓟ 沙布列麵團
- Ⓜ 奶油、雞蛋、砂糖、麵粉、糖漬橙皮

蒙特利馬牛軋糖

Nougat de Montélimar

遍及地中海一帶的堅果點心

牛軋糖的起源地是古代的中東區域，是一種混合了核桃、松子類堅果和蜂蜜的食物。之後遍及至歐洲、北非及中東等臨地中海的區域，形狀及名字有了變化，成為各國各自的當地點心。到了法國則是落腳於普羅旺斯一帶，被稱為「nux gatum」（拉丁語，指含有核桃的點心）、「nogao」（奧克語，於南法一帶使用的語言）。蒙特利馬牛軋糖在 1701 年時就已經確認存在。17 世紀時期的農業學者奧利維耶．德．塞爾（Olivier de Serres）於此地推廣杏仁栽種，所以牛軋糖便開始使用杏仁了。蒙特利馬的牛軋糖，用的是蛋白加砂糖和蜂蜜後打發起泡，所以白色就成了它的特徵。而且要冠上「蒙特利馬牛軋糖」這個名稱是有規定的，堅果含量必須達到 30% 以上（杏仁 28% ＋開心果 2%，或分是杏仁 30%），並且蜂蜜含量必需達到 25% 以上才行。屬於普羅旺斯地區的「13 道甜點」（treize desserts）（P119）之一。（甜點製作：BLONDIR）

1. 牛軋糖材料。工廠製作使用的是粉末狀的蛋白。2. 大部分是骰子狀，但也有長條形，切開來食用的版本。

Données

- Ⓒ 糖果鋪
- Ⓞ 運用當地特產製作
- Ⓜ 蛋白、砂糖、蜂蜜、杏仁、開心果

薩瓦蛋糕
Gâteau de Savoie

在歷史上取悅神聖羅馬帝國皇帝的蛋糕

別名「薩瓦海綿蛋糕」（biscuit de Savoie），是起源於薩瓦省的糕點。以蛋黃和蛋白分開打發的分蛋法所做成的比思科麵糊，不含油脂，利用蛋白霜創造出蓬鬆柔軟的質地。

薩瓦蛋糕誕生的由來有許多版本，最知名的是發生在14世紀後半香貝里（Chambéry）的故事。薩瓦伯爵同時也是美食家的阿梅迪奧六世，宴請到訪的神聖羅馬帝國皇帝查理四世。由於阿梅迪奧六世希望把自己的伯爵地位上升至公爵，所以精心策畫了許多討皇帝開心的美食佳餚。當時所端出的甜點，正是這道薩瓦蛋糕。外形是象徵香貝里城的壯觀模樣，上面還加了一頂王冠。皇帝相當喜歡這道輕如羽毛的甜點，據說因此多逗留了幾天。可惜的是，阿梅迪奧六世的公爵夢並未實現……這道美味的糕點，據傳是出自阿梅迪奧六世的主廚皮耶・德・伊岩（Pierre de Yenne）之手。

（甜點製作：下園昌江）

1. 在安錫（Annecy）的甜點店，看到的是外型神似咕咕洛夫的版本。2. 也有先以大型的布里歐模型烘烤後，再上下顛倒擺放的版本。

Données

C 烘烤點心
O 因歷史典故而誕生
P 比思科麵糊
M 雞蛋、砂糖、麵粉

佩特儂炸泡芙
Pet-de-Nonne

法蘭琪—康堤
Franche-Comté

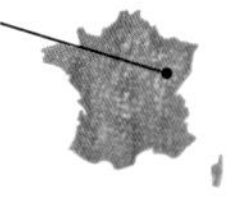

毫不修飾的甜點名字——「修女的屁」

油炸泡芙麵糊再灑上砂糖，屬於炸麵包（beignet）的一種，卻有著衝擊性的名字——法文直譯為「修女的屁」。也被稱為「soupir-de-nonne」（修女的嘆息）。誕生的緣由說法紛云。第一種說法是，位於法蘭琪—康堤地區博姆萊達姆（Baume-les-Dames）的修道院內，修女不小心把泡芙麵糊掉到熱油鍋裡而誕生。還有一個是誕生於都蘭省的馬爾穆蒂耶大修道院（Abbaye de Marmoutier）內的有趣傳說。在聖馬丁日當天，修道院內來了許多訪客，因此廚房為了準備招待的食物而忙得不可開交。在廚房裡，院長揉著麵團，身旁有位年輕的修女阿涅絲正在幫忙。沒想到她突然放了個響屁，由於太過羞愧而不小心把手中正在處理的麵團掉到鍋裡。然而麵團膨脹了起來，最後變成了一道好吃的點心。還有一說，是1770年時奧爾良王朝（Maison d'Oreéans）的主廚提洛瓦（Tilloloy）發明了把泡芙麵糊炸成炸麵包的作法。（甜點製作：下園昌江）

法蘭琪—康堤以生產康提起司聞名。與此地的侏羅紅酒（vin de Jura）最為對味。

Données

- Ⓒ 油炸點心
- Ⓞ 誕生於修道院內、因意外而誕生
- Ⓟ 泡芙麵糊
- Ⓜ 奶油、雞蛋、砂糖、麵粉、牛奶、鹽

蘭斯餅乾
Biscuit de Reims

香檳－亞爾丁
Champagne-Ardenne

蘸著香檳一起享用的粉紅色餅乾

源自於香檳區的主要都市蘭斯的粉紅色烘烤點心。因其顏色，也被稱為「粉紅餅乾」（biscuit rosé）。

「Biscuit」是烘烤兩次之意，以高溫烤過後，散熱降溫同時乾燥。如此一來質地會略顯酥脆，接近手指餅乾（biscuit à la cuillère）的口感。約於 1690 年時，據說當地的麵包師傅利用烤完麵包後火爐的餘熱，烤出了 biscuit 餅乾，最初是白色的。為了增加餅乾的香氣而加入香草籽，但是黑色的香草籽在白色餅乾裡過於顯眼，視覺上並不美觀。後來有人想到可以用胭脂紅色素（carmine）上色，來隱藏香草籽顆粒。之後漸漸演變成今天的蘭斯餅乾。和當地特產的香檳酒搭配著吃，或者把餅乾蘸著香檳入口，都相當受歡迎。

如今市面上較常看見的，是擠出後烘烤成型或薄長方形的蘭斯餅乾。位於蘭斯，創立於 1845 年的「Fossier」公司出產的商品可謂大宗，在巴黎的大型百貨公司也能買到。（甜點製作：GLACIEL）

1. 被譽為是歌德風格建築傑作的蘭斯大教堂。2. 綿延在香檳區的美麗葡萄園。

Données

- Ⓒ 烘烤點心
- Ⓟ 比思科麵糊
- Ⓜ 雞蛋、砂糖、麵粉、胭脂紅色素

Colonne

法國的節慶及甜點

在法國，天主教及與季節相關的節日活動，都少不了點心的身影。
家人親友相聚慶祝，然後一同分享美味的糕點。
有全法國都能吃得到的甜點，
也有專屬地區單獨事件的甜點，相當有意思。

1/1 新年 Nouvel An

○ **新年扭結麵包**
Bretzel de Nouvel An

在亞爾薩斯地區，以布里歐麵團所做的大型扭結麵包，來祈願新年幸福。一般認為和德國在新年時吃的「neujahrsbrezel」是相同的東西。法國北部則在新年期間會招待客人小型夾心格子鬆餅。

1/6 主顯節 Épiphanie

○ **國王派**
Galette des Rois

東方三賢者向世人告知耶穌基督誕生的日子。為了慶祝天神於世人面前現身，所以要吃國王派。切開後吃到藏在裡面瓷偶的人，可以當一天的國王。除了以派皮製作外，也有以布里歐麵團製作的版本。

2/2 聖燭節（聖母行潔淨禮日）Chandeleur

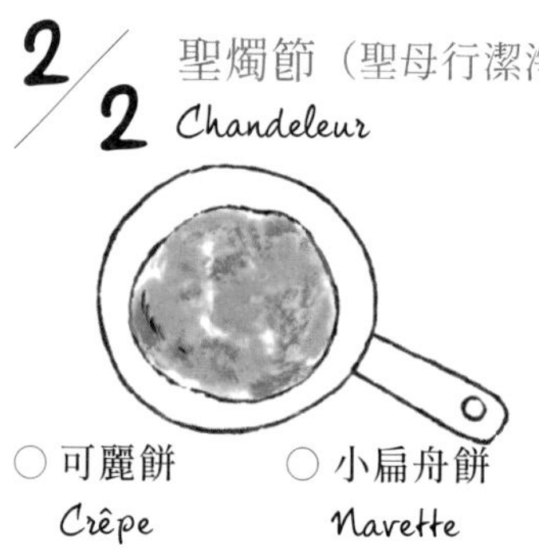

○ **可麗餅** Crêpe　○ **小扁舟餅** Navette

由來是耶穌誕生 40 天後，聖母瑪利亞行潔淨禮的日子。在法國的習俗是這天人們會烘烤可麗餅來吃。圓形金黃色的可麗餅，也帶有迎春及祈願豐收的意涵。在普羅旺斯的馬賽（Marseille），當地人則是吃小扁舟餅。

2～3月 狂歡節 Carnaval

○ **炸麵包** Beignet　○ **耳朵薄餅** Orillette　○ **小炸糕** Bugne

在迎接復活節來臨前，有40天的準備期，被稱為「大齋期」。除了星期日以外的其他日子都有飲食限制，所以在大齋期前的幾天，習俗上會吃許多肉類或油炸點心。因此會食用炸麵包、耳朵薄餅、小炸糕。

3～4月 復活節 Pâques

○ 巧克力 Chocolat　○ 復活節小羊蛋糕 Agneau Pascal

在春分月圓後的第一個星期日舉行。慶祝耶穌基督復活的日子，對天主教徒來說是相當重要的大節日。在法國全境到處都能看到象徵生命誕生及繁榮的雞蛋或兔子形狀的巧克力。而在亞爾薩斯地區，則加上復活節小羊蛋糕。

4/1 愚人節（4月的魚） Poisson d'Avril

○ 愚人節 Poisson d'Avril

在愚人節這天，人們會惡作劇在別人背後貼上魚造形的貼紙，或是吃有魚形狀的點心。為什麼是魚，緣由有許多說法。有一說是魚其實是指鯖魚，因為4月份鯖魚很好捕捉，所以吃鯖魚的人會被取笑。

5～6月 五旬節（聖靈降臨節） Pentecôte

○ 和平鴿蛋糕 Colombier

復活節七週後的星期日。慶祝耶穌復活升天後，在門徒面前以耶穌的聖靈降臨顯靈。在南法馬賽，會食用以鴿子的瓷偶或人形裝飾的和平鴿蛋糕。傳說獲得瓷偶的人，會在一年以內結婚。

11/1 諸聖節（萬聖節） Toussaint

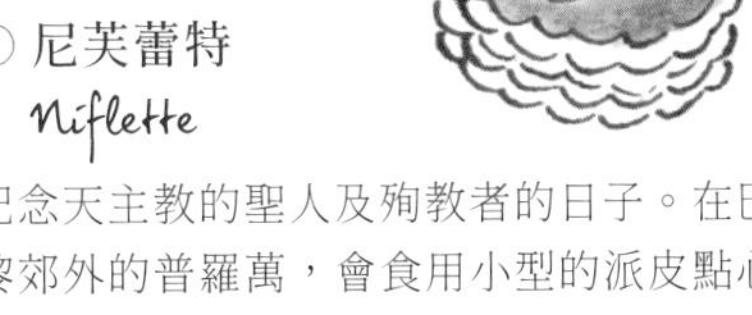

○ 尼芙蕾特 Niflette

記念天主教的聖人及殉教者的日子。在巴黎郊外的普羅萬，會食用小型的派皮點心尼芙蕾特。隔天11月2日為記念逝者的「諸聖節」。在土魯斯（Toulouse）諸聖節於6月舉行，會食用菲內特拉塔。

12/6 聖尼古拉日 Saint-Nicolas

○ 曼那拉人形麵包 Manala　○ 香料餅乾 Pain d'Épices

聖尼古拉是孩子們的守護聖人，同時也是聖誕老人的原型。接近聖尼古拉日，在亞爾薩斯地區會吃曼那拉人形麵包或香料餅乾，在比利時或法國北部則是吃另一種香料餅乾「斯派克洛斯」。

12/25 聖誕節 Noël

○ 聖誕樹幹蛋糕 Bûche de Noël

為了慶祝耶穌誕生，全家人會相聚在一起用餐。而餐後甜點則一定會有樹幹造型的聖誕樹幹蛋糕。普羅旺斯地區則是吃「13道甜點」，裡面包含了橄欖油麵包等。

7

Aquitaine
Poitou-Charentes
Midi-Pyrénées
Limousin
Pays Basque

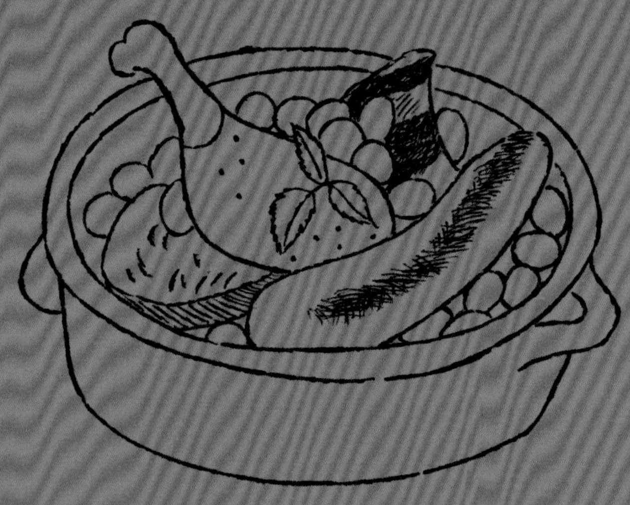

亞奎丹
普瓦圖—夏朗德
南部—庇里牛斯
利穆贊
巴斯克

地區特色

亞奎丹西面大西洋，南臨庇里牛斯山，東面為中央高原（Massif central）所圍繞。從全球最大的優質葡萄酒產區波爾多開始，包含佩里戈（Périgord）及加斯科涅（Gascogne）等地。

普瓦圖—夏朗德位於法國的西邊，有羅亞爾河、吉倫特河口，因為臨大西洋而有「綠色威尼斯」的美譽，是一片寬廣的沼澤地帶。

南部—庇里牛斯是被利穆贊地區及庇里牛斯山脈所包夾的地區。西元 5 世紀時，西哥德王國曾在此建國，並以土魯斯為首都。

利穆贊位於法國接近中央的位置，是地勢較多起伏的高原地帶。從古羅馬時代開始便因位處東西南北的貿易交通要塞而早有發展。

巴斯克地區跨越法國及西班牙，位於庇里牛斯山脈的兩側。以其豐富的當地特色文化及傳統而知名。

飲食文化特色

波爾多是亞奎丹地區的中心，自中世紀以來便是以葡萄酒生產及交易而繁榮的港口都市。位於內陸的佩里戈，則以盛產鵝肝醬、松露、菇類以及高品質核桃而聞名。

普瓦圖—夏朗德地區是法國飼養山羊的冠軍地區。牛的畜牧業也相當興盛，乳製品眾多，尤其以奶油擁有最高級品質的美譽。

南部—庇里牛斯最知名的料理是使用白腰豆和豬肉或羊肉、油封鴨一起燉煮的鄉村菜餚卡酥來砂鍋（cassoulet）。此外鵝肝醬的產量也很豐盛。鄉土料理反映著當地生活的縮影，就像庇里牛斯山脈一樣，強而有力。

利穆贊地區畜牧業繁榮，以高級牛肉「利穆贊牛」為人所知。

巴斯克地區有眾多菜餚受到西班牙影響，被稱為巴斯克料理。點心類則有巴斯克蛋糕，也有許多巧克力口味的糕點。

波爾多可麗露
Cannelé de Bordeaux

知名葡萄酒產地所誕生的甜點，特色為縱向溝槽

亞奎丹
Aquitaine

1990 年代開始在日本風行的可麗露，是來自法國西南部大城波爾多的傳統點心。其特徵就是使用有 12 條縱向溝槽的模型來烘烤。可麗露（cannelé）名稱的由來，據說語源是「canneler」，也就是「以凹槽裝飾」的意思。表面是焦化的深棕色，口感脆硬。中間則是澄黃色，略為黏牙又富有彈性。一口咬下，蘭姆酒和香草莢的香氣立刻洋溢口中。

可麗露的起源故事有許多版本，最知名的說法是在波爾多的亞農希亞德修道院（Couvet de l'Annonciade）裡，從 18 世紀以前便存在的一款點心，為可麗露的原型。在當時是以棒子捲起擀成薄片的麵皮，再以豬油炸過，稱為「canelats」或「canelets」。據說修女們藉著販賣這款點心幫助貧苦人家，或者直接將點心分送出去。之後因為法國大革命，這款點心消失了一段時間，再次出現則是進入 19 世紀的事了。如今使用可麗露模型來製作的方式，也是從 19 世紀才開始的。模型內側會塗上以往修道院製作蠟燭時使用的蜜蠟。這個步驟讓烘烤完成後便於脫模，表面也能烤得富有光澤且脆硬。

波爾多在法國是屬一屬二的葡萄酒產地，也可說是具備了所有生產可麗露所需要的條件。最有名的一點，便是為了去除葡萄酒在製程中的沉澱物，必須使用蛋白，那麼剩下來的蛋黃剛好就用來製作可麗露。此外由於波爾多是貿易港口，從遠方諸島而來的蘭姆酒、香草莢都是從這裡上岸的。而可麗露正是以這些素材製作而成。

1985 年，波爾多可麗露協會正式成立，致力於保存傳統製造技法及推廣可麗露。在協會成立之時，也把 cannelé 的寫法省去一個「n」，因此多了另一種寫法「canelé」。（甜點製作：ARCACHON）

1

2

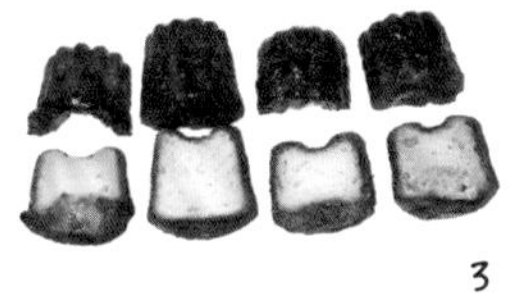
3

4

1. 波爾多的老字號可麗露專賣店「LEMOINE」。2. 店內的可麗露包裝紙盒。3. 波爾多市內的甜點店或傳統市集上，販賣著形狀各異的可麗露。4. 最近還有可以一口一個的迷你可麗露登場。

Données

Ⓒ 烘烤點心
Ⓞ 誕生於修道院內
Ⓜ 奶油、雞蛋、砂糖、麵粉、牛奶、蘭姆酒、香草莢

達克瓦茲
Dacquoise

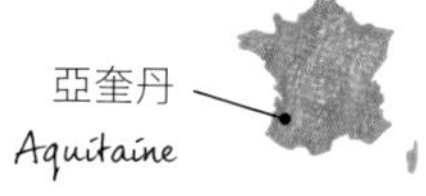

在日本發展出獨特路線的一款甜點

以杏仁風味的蛋白霜，上下夾心奶油霜做成的內餡，再灑上糖粉的一道糕點，發祥自以溫泉馳名、亞奎丹地區的達克斯（Dax）。法文原名 dacquoise 意為「住在達克斯的女性」。位於達克斯東南方，庇里牛斯—大西洋省（Pyrénées-Atlantiques）的「坡城」（Pau），也有同樣的糕點，在當地稱為「帕洛瓦」（palois）。在法國當地吃到的達克瓦茲，是把麵糊擠出成大大的圓形後，夾上帕林內風味的奶油霜為內餡。這種達克瓦茲麵糊，也會用於一般生日蛋糕的底座。

現在在日本甜點店較常見的小版本達可瓦茲，是福岡縣的甜點店「十六區」甜點主廚三嶋隆夫，於 1979 年在巴黎甜點店「ARTHUR」擔任甜點主廚時發想出來的。以和菓子的「最中」為靈感，名字取作「達可瓦茲」（ダックワーズ），和原名「達克瓦茲」（ダコワーズ）稍做區別。（甜點製作：下園昌江）

1. 當地的達克瓦茲是大型的切分式蛋糕。2. 在日本的達可瓦茲則為小型點心。

Données

- C 新鮮甜點
- O 運用當地特產製作
- P 達克瓦茲麵糊
- S 奶油霜
- M 奶油、雞蛋、砂糖、杏仁、麵粉

夾心蜜李
Pruneaux Fourrés

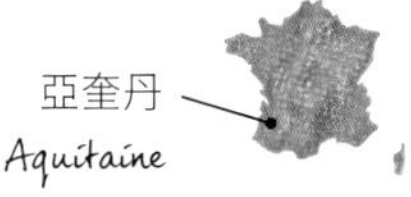

將當地名產李子的全部美味都凝聚在一起

Pruneaux，就是指乾燥過後的李子（prune）。把新鮮李子經過陽光日曬後再乾燥，變成外皮帶有韌性的果乾。法國的李子以洛特—佳龍省（Lot-et-Garonne）的城市阿讓（Agen）所出產的最為有名。此地從古時候高盧人時代，就有古羅馬人種植李子的紀錄。12 世紀時因為十字軍東征，從敘利亞引進不同品種的李子樹，和當地的原生種嫁接，新品種李子從此誕生。新品種的李子體型大且有著美麗的深紫色，風味細緻美好，成為了阿讓當地的名產。

日曬過後的李子由於營養價值高且保存期限長，在缺糧或遠征時都是珍貴的食材。而夾心蜜李就是使用阿讓產的李子所製作的當地特產。曬乾後的李子果肉與果核分離，果肉處理成糊狀，和砂糖、蘋果泥、雅馬邑白蘭地（Armagnac）等材料混合後，再塞回原本的果皮內。這是一款能嘗到李子濃郁美味及芳香的豪華點心。

（甜點製作：下園昌江）

1. 在巴黎百貨公司裡販賣的罐裝夾心蜜李。2. 阿讓產的夾心蜜李，由於品質良好，是很受歡迎的烘焙材料。

Données

Ⓒ 糖果鋪
Ⓞ 運用當地特產製作、受到外國影響而誕生
Ⓜ 砂糖、李子、蘋果、雅馬邑白蘭地

核桃塔
Tarte aux Noix

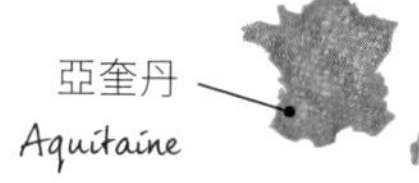

核桃產量全歐第一，法國人自豪的核桃塔

法國是歐洲核桃產量第一大國。主要兩大產地：隆河—阿爾卑斯地區的格勒諾布爾（P110）及亞奎丹地區的佩里戈，無論哪個產區都有使用核桃入味的當地名產點心。佩里戈的核桃經過 AOP 認證，風味極佳帶有甜味，無論是料理或甜點都被廣泛使用。而亞奎丹地區的名產桃核塔，是普通家庭及甜點店都會烘烤的經典點心。

依照當地傳統的核桃塔食譜，是將切碎的核桃顆粒和奶油、雞蛋、砂糖及鮮奶油等食材混合成內餡，倒入塔皮內再烘烤完成。每個家庭都有屬自己的調味，因此食譜的版本變化相當多元，也有許多人會加上和核桃對味的巧克力作為裝飾。成品有大分量切開食用的，也有一人份的小塔類，稱為「核桃小塔」（tartelettes aux noix）。

核桃不只拿來入菜或做點心，活用範圍十分廣泛，還可做成核桃油、利口酒、葡萄酒，就連核桃殼也可以當成肥料使用。（甜點製作：下園昌江）

1. 塔上滿滿的核桃。2. 在佩里戈的甜點店，有原味或加上巧克力的選擇。

Données

- Ⓒ 烘烤點心
- Ⓞ 運用當地特產製作
- Ⓟ 酥脆塔皮麵團、甜酥麵團
- Ⓜ 奶油、雞蛋、砂糖、麵粉、鮮奶油、核桃

米亞斯塔
Millassou

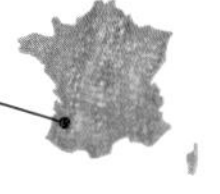

據說源自於玉米粥的烘烤點心

米亞斯塔是一道在法國西南部相當普及的甜點。把原本是以玉米粉和水混合後的粥狀食物，散熱冰涼後切成四方形，或烤或炸。可以拌豬油或鵝油再以鹽調味，或是灑上砂糖、淋上蜂蜜後當成甜點。由於都是隨手可得的食材，簡單上手，因此似乎是農家經常製作的點心。在法語裡玉米是「maïs」，而在使用玉米之前是以小米（millet）製作，據傳因此才被命名為「millassou」。根據地區不同，名稱或寫法也有所出入。

如今這道點心的主流作法，是混合了牛奶、雞蛋與砂糖之後，加入麵粉及玉米粉，倒入耐熱容器裡後再以烤箱烘烤。也會使用橙花水、蘭姆酒、雅馬邑白蘭地增添香氣。出爐後質感接近法式布丁塔，富有彈性，口味簡單樸實。在佩里戈則是有加入南瓜泥的「南瓜米亞斯塔」（millassou à la citrouille）。

（甜點製作：下園昌江）

法國西南部盛行飼養鴨、鵝，也有許多相關美食及加工品。1. 鴨油。2. 鵝肉醬。

Données

Ⓒ 烘烤點心
Ⓞ 運用當地特產製作
Ⓜ 奶油、雞蛋、砂糖、麵粉、玉米粉、牛奶

山羊乳酪黑蛋糕
Tourteau Fromagé

普瓦圖－夏朗德
Poitou-Charentes

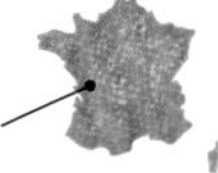

令人驚奇的黑色外表，口感濕潤的乳酪蛋糕

縱然有好幾個城市都聲稱，自己才是這款蛋糕的發源地，但在普瓦圖－夏朗德地區的德塞夫勒省（Deux-Sèvres）有著一則有趣的傳說。19 世紀時，當地農場裡的家庭們會帶著自己的甜點模型，聚集在一起烘烤一款以新鮮山羊乳酪所做成的點心。某天，在烤爐裡剩下一個被遺忘的乳酪蛋糕。當它被發現時，已經烤得焦黑且膨脹。但是沒想到試吃一口，裡面居然柔軟且濕潤，相當美味。從此這款蛋糕就變成了當地的傳統名產了。最初使用的是帶有酸度、飄著淡淡羊奶氣味的山羊乳酪來製作。不過最近多改以方便購得且沒有騷味的牛奶製白乳酪來製作了。有些地方還在會蛋糕裡加入夾心蜜李。這款蛋糕不在甜點店裡販售，而是在乳酪專賣店或傳統市集上才找得到，而此地的傳統市集會並列牛奶製及羊奶製兩種口味一起販賣。（甜點製作：BLONDIR）

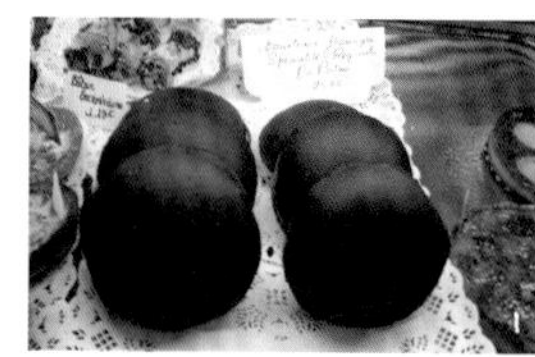

1. 外形看不出來是乳酪蛋糕。2. 在布列塔尼地區也能買得到。

Données

- Ⓒ 烘烤點心
- Ⓞ 運用當地特產製作、因意外而誕生
- Ⓟ 酥脆塔皮麵團
- Ⓜ 奶油、雞蛋、砂糖、麵粉、乳酪

普瓦圖酥餅
Broyé du Poitou

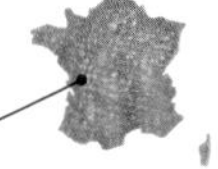

象徵家庭合樂的酥餅，敲碎後一起分食

這是普瓦圖—夏朗德地區的知名特產，是一種大形烘餅狀的餅乾，有些尺寸甚至大到直徑 30cm 左右。由於使用素有「法國最高級奶油」美譽的夏朗德產奶油，能品嘗到馥郁的風味。有時也會加入同一個地區的尼奧爾（Niort）產的糖漬白芷花（一種香草植物）。

「Broyer」是敲碎之意。由於這款酥餅爽口酥鬆容易弄碎，大家在享用時便會圍在桌邊，把餅乾從中央以拳頭敲碎後選一塊，再慢慢剝成小塊來吃。人們總是會為了普瓦圖酥餅而相聚，所以就成了家庭團圓合樂的象徵。在夏朗德省當地，也被稱為「galette charentaise」（夏朗德酥餅）。

最初是當地的農家點心，但因為家庭用的烤爐無法烘烤，而只能到附近的麵包店請求代為烘烤。據說因此麵包店便開始販售這款酥餅，進而流傳至各地。

（甜點製作：A.K. Labo）

1. 以拳頭敲碎，再和大家分食。2. 在當地看到直徑 30cm 左右的超大酥餅。

Données

- Ⓒ 烘烤點心
- Ⓞ 運用當地特產製作
- Ⓟ 沙布列麵團
- Ⓜ 奶油、雞蛋、砂糖、麵粉、鹽

樹狀蛋糕
Gâteau à la Broche

南部—庇里牛斯
Midi-Pyrénées

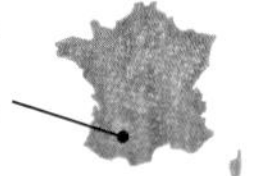

狀如樹幹的蛋糕，據說是年輪蛋糕的原型

法國西南部庇里牛斯山地區的特產，外型有如樹幹、前端尖細的圓椎形點心。食譜材料為奶油、雞蛋、砂糖及麵粉，與磅蛋糕的作法相當接近。從它的外形樣貌，我們不難想像這款點心會被認為是樹幹蛋糕的起源之一。Broche 是鐵釬之意，因為是以鐵釬串起烘烤而得名。在壁爐裡加上一根圓椎形的棒子，把麵糊每次少量地淋在棒上，同時轉動棒子烘烤。成品的長度約為 30 ～ 60cm，表面凹凸不平。像年輪般有數層相疊，外側焦香且酥脆，內側濕潤，保存期有一個月左右。

關於這款蛋糕的誕生，有許多說法：其一：有位居住在庇里牛斯山深山養羊人家的奧地利女性，以馬鈴薯泥做出了這款蛋糕的原型；其二：是拿破崙從巴爾幹半島帶回法國的；其三：駐紮於庇里牛斯山的拿破崙軍隊，在 19 世紀時從東歐國家學習了作法後帶回法國等。

在當地，這款蛋糕是結婚典禮等儀式時所食用，雖然工廠大量製作的樹狀蛋糕在巴黎的百貨公司也買得到，但是由於手工製作的如今市面上幾乎已無法購得，大多是代代相傳於一般民眾家中，屬於家傳美味。好不容易終於尋獲的，是在庇里牛斯山深山裡的呂聖索弗（Luz-Saint-Sauveur）裡的席亞村（Sia）。這個工作坊依然維持使用壁爐火烤的傳統工法製作樹狀蛋糕。

（甜點製作：TOUJOURS）

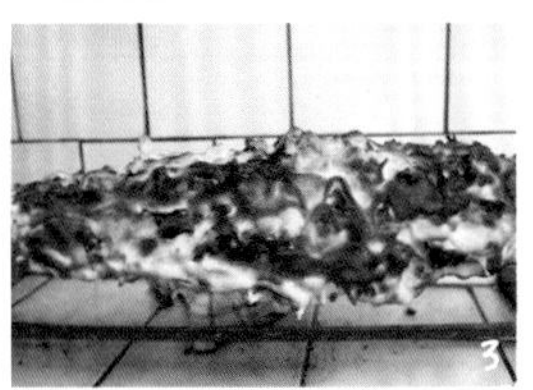

1. 呂聖索弗席亞村的工作坊，從 1982 年開始製作樹狀蛋糕。2. 依循傳統工法，使用壁爐內烘烤。3. 成品比起年輪蛋糕的外表更加凹凸不平。4. 完成後，從中間對半切開，販賣時是圓椎狀。

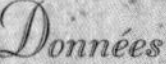

Données

Ⓒ 烘烤點心
Ⓞ 受到外國影響而誕生
Ⓟ 蛋糕麵糊
Ⓜ 奶油、雞蛋、砂糖、麵粉

庇里牛斯山蛋糕
Tourte des Pyrénées

南部—庇里牛斯
Midi-Pyrénées

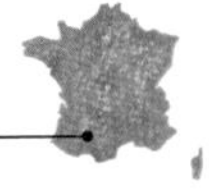

樸素的烘烤蛋糕令人聯想到庇里牛斯山

在南部—庇里牛斯地區代代相傳，以布里歐模型所烘烤的奶油蛋糕。在這片俯瞰著與西班牙接壤的庇里牛斯山的地區，很多當地點心都以「庇里牛斯山」來命名。「tourte」是取自拉丁文中「圓形麵包」之意。tourte des Pyrénées除了指以布里歐模型烤出來的大型蛋糕，也用在料理之中，指的是以派皮覆蓋住的鹹派。在當地，對於相關定義並沒有太嚴格的區分。

在依序使用相同分量的奶油、雞蛋、砂糖及麵粉所完成的磅蛋糕麵糊裡，加入以八角、甘草、茴香作為原料，擁有獨特香氣的利口酒「法國茴香酒」（Pastis）增添香氣。法國茴香酒是法國南部到西南部一帶的名產，除了作為餐前酒，自古以來也常用於料理或甜點裡之中。庇里牛斯山蛋糕也有另個別名為「庇里牛斯茴香酒蛋糕」（pastis des Pyrénées）。

（甜點製作：下園昌江）

1. 在超市也買得到的大眾甜點。2. 灑滿糖粉，有如山上積雪般。

Données

- Ⓒ 烘烤點心
- Ⓞ 運用當地特產製作
- Ⓟ 蛋糕麵糊
- Ⓜ 奶油、雞蛋、砂糖、麵粉、法國茴香酒

蘋果酥
Croustade aux Pommes

南部—庇里牛斯
Midi-Pyrénées

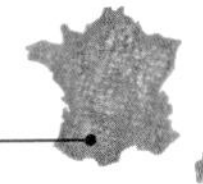

極薄輕脆的麵團遇見多汁美味的蘋果

如紙般輕透的極薄麵團（妃樂麵團），把蘋果包覆成圓形後烘烤，就是南部—庇里牛斯地區的名產甜點。至於增加香氣的作法，則是使用當地特產雅馬邑白蘭地，以及包入杏仁奶油餡等。起源地據說是熱爾斯省（Gers）的歐什（Auch）。「croustade」最初指的是在派皮裡塞滿內餡的料理，語源來自從普羅旺斯語的「crousto」（殼，皮）所衍生出來的「croustado」。在法國西南部一帶滿大範圍內，只要看到這道甜點，也會有人稱它為「pastis」或「tourtière」。

麵團是將麵粉、水及少量的油混合，然後以兩手推擀在整個桌面延伸開來製作，需要相當熟練的技術。傳統上由女性來製作，聽說最初使用鵝油替代奶油。在維也納有一款甜點使用相同作法：以麵團包裹蘋果，名為「蘋果捲」（apfelstrudel）。（甜點製作：A.K. Labo）

1. 輕薄酥脆的派皮和酸酸甜甜的蘋果，相當對味。2. 也能找到較大尺寸的版本。

Données

- Ⓒ 烘烤點心
- Ⓞ 受到外國影響而誕生
- Ⓟ 妃樂麵團
- Ⓜ 奶油、砂糖、麵粉、蘋果、雅馬邑白蘭地、油

菲內特拉塔
Fénétra

南部－庇里牛斯
Midi-Pyrénées

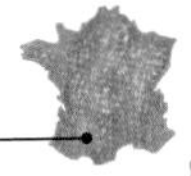

「諸聖節」當天食用的烘烤點心

土魯斯因為有著紅褐色磚瓦建築街道風景，而被稱為「玫瑰城市」，正是這道甜點的發源地。起源在古早的古羅馬人統治法國的時代，會舉行亡靈的祭典。最初人們排成長列往巨大的墓地走去，到了 16 世紀變成向朝聖者獻花或果乾，17 世紀時則是布道或販售果乾，隨著時代變遷不斷改變形態，最終成為世俗祭典。天主教徒視 11 月 2 日為諸聖節，但在土魯斯則是每年 6 月的最後一個週末展開的當地祭典。此一時節所吃的食物就是菲內特拉塔。在塔皮裡鋪上糖漬檸檬皮，再以蛋白霜及杏仁粉填滿後，烘烤而成的點心。

在戰爭時一度消聲匿蹟，到了 1963 年重啟祭典後才終於又能見到它的蹤影。在祭典期間，似乎是在家族相聚餐敘後，甜點上的就是菲內特拉塔。如今，有的商店一整年都有販售，也被稱為「土魯斯蛋糕」（gâteau de Toulouse）、「諸聖蛋糕」（gâteau Toussaint）。

（甜點製作：VIRON）

1. 粉紅色的磚瓦建築。2. 大尺寸的菲內特拉塔。

Données

- Ⓒ 烘烤點心
- Ⓞ 受到外國影響而誕生、宗教儀式
- Ⓟ 沙布列麵團或甜酥麵糰
- Ⓢ 蛋白霜
- Ⓜ 奶油、雞蛋、砂糖、杏仁、麵粉、糖漬檸檬皮

紫羅蘭糖
Violette de Toulouse Cristallisée

南部—庇里牛斯
Midi-Pyrénées

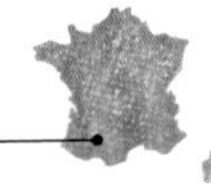

把土魯斯的標誌「紫羅蘭」做成糖果

紫羅蘭花是 16 世紀時義大利人帶到法國來的。除了用來製作香水，也會混合使用在針對呼吸道病患所使用的塗抹用藥裡。而將花瓣沾著糖漿或蜂蜜食用，則據信對身體健康有益。作為南部—庇里牛斯地區的主要城市，土魯斯以栽種紫羅蘭聞名，即使到了冬天也能看見紫羅蘭花束。市徽也是紫羅蘭圖案，因此還有另一個名稱「紫羅蘭之城」。每年 2 月在市中心廣場會有紫羅蘭祭，羅列許多紫羅蘭花束、點心、相關周邊商品。

據說土魯斯當地的糖果師，將紫羅蘭浸漬在糖漿裡再把砂糖結晶化，發明了紫羅蘭糖。自此以來，土魯斯就以紫羅蘭糖之城而聞名。表面脆硬，入口溶化後能嘗到紫羅蘭淡雅的花香，可以直接食用。此外也被用於巧克力甜點或蛋糕的裝飾。

1. 在土魯斯當地有紫羅蘭相關商品的專賣店。2. 用於甜點裝飾，打造優雅的氛圍。

Données

C 糖果鋪
O 運用當地特產製作
M 砂糖、紫羅蘭

克拉芙緹
Clafoutis

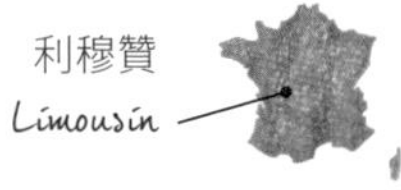

重點一定要使用黑櫻桃

在利穆贊地區的家庭自古以來就會製作一種加入櫻桃的粥狀甜點，在 19 世紀時傳遍整個法國。clafoutis 的語源為南法一帶使用的方言奧克語「clafotis」，而它是從古時候的法語「claufir」而來，意即「以釘子固定」或「放置」之意。而釘子指的是櫻桃核，會跟著一起烘烤不會去除。混合雞蛋、砂糖、麵粉及牛奶做成類似可麗餅的麵糊，在陶器模型裡擺放櫻桃後倒入麵糊，再送入烤箱。有些作法會先鋪上塔皮。

食材的櫻桃則一定使用同區域的科雷茲省（Corrèze）產的黑櫻桃。作法上櫻桃是帶核一起烤，才能吃得到獨特的滋味。也可以使用蘋果或洋梨等其他水果來製作，不過名稱就變為「芙羅納德」（flognarde）。

在當地，克拉芙緹是傳統市集或餐廳裡都能看得到的甜點。不過若非櫻桃產季則吃不到，所以更要在當季享用。（甜點製作：下園昌江）

1. 也常見加了塔皮的作法。
2. 位於利摩日（Limoges）的國立博物館內，展示了代表法國的陶瓷器。

Données

- Ⓒ 餐後甜點
- Ⓞ 運用當地特產製作
- Ⓟ 千層派皮麵團或酥脆塔皮麵團
- Ⓜ 雞蛋、砂糖、麵粉、牛奶、黑櫻桃

聖讓德呂茲馬卡龍
Macaron de Saint-Jean-de-Luz

巴斯克
Pays basque

獻給路易十四世及西班牙公主的馬卡龍

鄰近西班牙國界的港都聖讓德呂茲於 1660 年時，在此地的教堂舉辦了路易十四世及西班牙公主瑪麗 · 泰蕾莎的婚禮。前來祝賀的賓客獻上了許許多多禮物，這當中有一個是甜點師亞當（Adan）所製作的馬卡龍。據說其美味程度令國王、皇太后、王妃都讚不絕口。在婚禮舉辦的同一年創業的甜點店「Maison Adam」（「亞當之家」之意），已經在當地開業超過 300 年，依然販售著馬卡龍。

這道點心，說實話外觀看上去並不能稱為好看，甚至有些過於簡單，質感就像被壓壞了似的粗糙。不過只要吃過一次，就會明白它的美味實在令人難以忘懷。表面是略為乾燥的酥鬆質感，內層柔軟的質地則吃得到杏仁濃郁的滋味，最後留下飄散在鼻子裡愉悅的香氣。無論吃多少都不會膩，店裡販賣的馬卡龍都是十幾片一盒的包裝，就是最好的證明。

（甜點製作：RITUEL par Christophe Vasseur）

1. 「Maison Adam」店內羅列的盒裝馬卡龍。
2. 「Maison Adam」店鋪外觀。

Données

- Ⓒ 烘烤點心
- Ⓟ 馬卡龍麵糊
- Ⓜ 蛋白、砂糖、杏仁

巴斯克蛋糕
Gâteau Basque

外皮與內餡的美妙共鳴

巴斯克地區在現在法國新的行政體系裡，雖然屬於新亞奎丹大區（Nouvelle- Aquitaine），但它是個擁有當地獨自文化及語言（巴斯克語）的地區。巴斯克跨越了法國及西班牙兩國，在法國境內為三個省分、在西班牙境內為四個省分所組成。巴斯克蛋糕在法國的巴斯克語稱為「biskotxak」，在西班牙的巴斯克地區則稱為「pastel vasco」，只要在巴斯克地區都能看見。

造訪巴斯克時，看見巴斯克蛋糕堆積成山的光景，都不禁要懷疑「真的如此受歡迎嗎？」有厚的、薄的、軟的、硬的，種類各式各樣。但是它們的共通點，就是內餡夾的一定是甜點奶餡或櫻桃果醬，然後烘烤而成。有時也會看到比較現代口味的作法，夾的是巧克力餡。裝飾表面的方法，是刷上蛋液後以叉子畫出格紋或者巴斯克十字圖案後，再下去烘烤。

位於「法國最美小鎮」之一薩爾（Sare）的巴斯克蛋糕博物館，根據駐館甜點師的說法，巴斯克蛋糕的歷史從 17 世紀開始，當時使用了玉米粉、豬油、蜂蜜，並且沒有任何內餡，是後來才加入水果或無花果、李子果醬。然後因為巴斯克地區的伊察蘇鎮（Itxassou）所產的黑櫻桃很受歡迎，漸漸演變成愈來愈多的巴斯克蛋糕都加入了黑櫻桃果醬作為內餡。此外也因砂糖的普及、烘焙技術的進步等原因，一整年都能看得到的甜點奶餡版本也成了經典口味。

現今巴斯克蛋糕的形狀，據說是一位住在巴斯克康博萊班（Combo-les-Bains）的女性甜點師瑪麗安所發明的。她在 1832 年開店，從婆婆教她的食譜變化出「康博蛋糕」（gâteau de Combo），每週四她都會到貝雲（Bayonne）販賣她的蛋糕。據說因為她的蛋糕太受歡迎，之後被稱為巴斯克蛋糕。（甜點製作：ARCACHON）

1. 櫻桃果醬的酸味為味道畫龍點睛。2. 巴斯克蛋糕上畫著巴斯克十字。3. 使用水車磨製自家麵粉的店家所販賣的巴斯克蛋糕，包裝精美。4. 伊察蘇村的黑櫻桃果醬。

Données

- Ⓒ 烘烤點心
- Ⓞ 運用當地特產製作
- Ⓟ 巴斯克麵團
- Ⓢ 甜點奶餡、果醬
- Ⓜ 奶油、雞蛋、砂糖、杏仁、麵粉、牛奶、果醬

巴斯克貝雷蛋糕

Béret Basque

獨特的貝雷帽造形巧克力蛋糕

在法國有種「貝雷帽代表巴斯克」的既定印象。原本是貝亞恩省（Béarn）的養羊人家，為免於日曬風吹而配戴的帽子。雖然不知真偽，但始終流傳著這段貝雷帽的佳話。當拿破崙三世前往比亞里茲（Biarritz）視察宮殿建設時，看見許多人戴著貝雷帽，因此不經意地說出了「巴斯克貝雷帽」（béret Basque）。當時並沒有這個說法，但由於出自國王的口中，誰也不能否定，自此之後巴斯克的貝雷帽就廣為人知了。

巴斯克是西班牙將巧克力傳入法國的大門，在貝雲有1580年時建立的全法國第一間巧克力工廠。因此直到今天當地仍有許多極具歷史的巧克力專賣店，甚至還有巧克力博物館。而結合了巴斯克名產「貝雷帽」及「巧克力」變成的甜點，就是巴斯克貝雷蛋糕。以海綿蛋糕和巧克力奶餡交錯層疊，形狀是貝雷帽的樣子。雖然風味並不特別精緻，卻能感受到巧克力文化深遠的影響，以及巴斯克當地獨有的力道。（甜點製作：下園昌江）

1. 簡潔的巧克力蛋糕。2. 觀光巴士上繪有戴著貝雷帽的少年。

Données

- Ⓒ 新鮮甜點
- Ⓞ 運用當地特產製作、受到外國影響而誕生
- Ⓟ 傑諾瓦思麵糊
- Ⓢ 甜點奶餡
- Ⓜ 奶油、雞蛋、砂糖、麵粉、牛奶、巧克力

巴斯克杏仁膏彩糖
Touron Basque

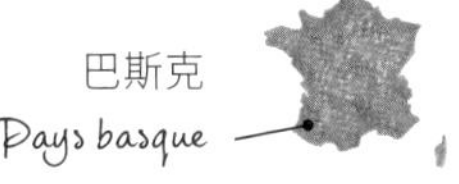

誕生於西班牙的彩色小點心

據說這款小點心的原型，是古希臘時代一種以核桃或杏仁混合了蜂蜜的食物。8 世紀時在阿拉伯人統治下的西班牙，由阿拉伯傳入了極為進步的製糖技術，在 13 世紀時巴斯克杏仁膏彩糖誕生了。也有一種說法是，這款點心是由西班牙杜麗多（Toledo）的修女所發明的。它曾經在中世紀時期是貴族婚禮或特別假期時才吃得到的珍貴點心。名稱的由來，則是把阿拉伯語的「乾燥」或「烘烤」這個動詞翻譯成拉丁文「torrere」後，再轉變而來。

這款彩糖後來從西班牙經由接鄰的巴斯克地區傳入了法國。位於貝雲的巧克力專賣老店「Daranatz」，據說從 1890 年便已經開始製作。如今杏仁、砂糖是基本食材，再加上開心果之類的堅果、糖漬水果等做變化。而且尺寸大小或外形也是各式各樣。大部分是由上色過的杏仁膏來組合製作，其中也有以鮮紅色巴斯克地區旗幟為設計的搶眼作品。

1. 巴斯克旗幟模樣的彩糖。
2. 店頭羅列著各式各樣的巴斯克杏仁膏彩糖。

Données

- Ⓒ 糖果鋪
- Ⓞ 受到外國影響而誕生、誕生於修道院
- Ⓟ 杏仁膏
- Ⓜ 砂糖、杏仁

8

Provence-Alpes-Côte d'Azur
Languedoc-Roussillon
Corse

普羅旺斯—阿爾卑斯—蔚藍海岸
朗格多克—魯西永
科西嘉島

地區特色

位於法國南部的普羅旺斯—阿爾卑斯—蔚藍海岸，是一片面對著地中海，氣候穩定的區域。夾在義大利與西班牙中間，是交通要塞，背後則有高聳入雲的阿爾卑斯山。海岸線的東側為歐洲首屈一指的度假勝地蔚藍海岸（Côte d'Azur），也受到畢卡索（Pablo Ruiz Picasso）、塞尚（Paul Cézanne）、梵谷（Vincent van Gogh）等藝術家們的喜愛。

朗格多克—魯西永地區位於地中海沿岸，夾在法國南端的庇里牛斯山脈及普羅旺斯地區中間的廣闊區域。魯西永地區與西班牙邊境接壤，有中世紀古都遺跡，充滿感性的面貌；也由於曾經長期屬於西班牙自治區的加泰隆尼亞（Catalunya），因此保有根深地固的風俗習慣。

科西嘉島位於地中海的西部、義大利半島的西側。是法國原始大自然的祕境。

飲食文化特色

普羅旺斯地區由於天主教化時間早，聖誕節等宗教慶典在今日仍然相當重要盛大。此外，沿海漁業能捕獲豐富的近海海鮮。內陸地區則盛行飼養羔羊。許多甜點使用糖漬水果或特產的杏仁來製作。

朗格多克—魯西永地區有陽光及大海的恩賜，飲食文化豐盛繁華。塞特漁港（Sète）有許多新鮮的海鮮如魷魚、章魚，拓湖（Étang de Thau）則有發達的牡蠣及貽貝養殖。當地的地中海料理特色，便是使用海鮮搭配大量的橄欖油、番茄、大蒜入菜。此外還有以葡萄為中心，發展其他水果及蔬菜的栽種。

科西嘉島上最有名的就是以羊奶或山羊奶為原料做成的乳酪「布霍丘」（Brocciu）。此外在大自然裡放牧飼養的山豬肉或豬肉加工品，也以其品質優異而聞名。甜點類則是以烘烤點心的嘉尼斯特里餅乾為代表。

和平鴿蛋糕
Colombier

普羅旺斯─阿爾卑斯─蔚藍海岸
Provence-Alpes-Côte d'Azur

從和平的象徵與愛的傳說之中誕生的甜點

混合了糖漬哈密瓜或糖漬柑橘等水果，口感濕潤飽滿的杏仁蛋糕。麵團當中含有杏仁粉，蛋糕表面以杏仁片或杏仁顆粒裝飾，是一款豪華的烘烤點心。在南法，復活節過後的第七個星期日是五旬節（聖靈降臨節，Pentecôte），習俗上會吃這道蛋糕。這一天除了是聖靈從天而降，開始對十二門徒宣揚教義，也是天主教會成立的日子。

「Colombier」在法文裡是鴿舍的意思，而鴿子則是「colombe」，象徵和平以及三位一體的聖靈。和平鴿蛋糕的裝飾法，有些是以杏仁膏捏成鴿子的形狀，或者是像國王派般在蛋糕裡放入一個鴿子形狀的瓷偶。

在馬賽當地流傳著一則相當有愛的傳說。西元前600年左右，有一艘從弗凱亞（Phocaea，位於現今土耳其，由希臘人所開發的城市）來的船駛入此地。當天恰巧當地統治者納努斯（Nannus）為女兒吉卜緹絲（Gyptis）舉辦婚禮大宴之日。依慣例，吉卜緹絲的結婚對象，是在宴會當天結束之時，由她自己挑選。因此當天現場聚集了許多希望能和吉卜緹絲結婚的勇士們，但她所挑中的對象，卻是當天才從弗凱亞抵達的年輕人普羅迪斯（Protis）。傳說是這對當天見面即成婚的愛侶建立了馬賽這個城市，因此這個故事至今仍口耳相傳。有了這個緣由，在20世紀初期馬賽的甜點師，發明了把鴿子形狀的瓷偶放在蛋糕裡的作法，從此發明了和平鴿蛋糕。拿到鴿子瓷偶的人，就能受到傳說中夫妻的祝福，據說會在一年內結婚。也因為蛋糕的由來與愛情傳說有關，和平鴿蛋糕也被當成婚禮的禮物。

（甜點製作：下園昌江）

1. 麵團裡摻入了糖漬水果。2. 和平鴿蛋糕專用的鴿子瓷偶。3. 眺望馬賽海岸線。

Données

- C 烘烤點心
- O 天主教的宗教活動、因傳說而誕生
- S 杏桃果醬
- M 奶油、雞蛋、砂糖、杏仁、麵粉、糖漬水果

小扁舟餅
Navette

普羅旺斯—阿爾卑斯—蔚藍海岸
Provence-Alpes-Côte d'Azur

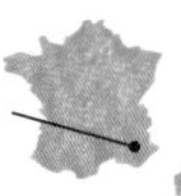

載著聖母瑪麗亞的小扁舟造形的烤餅乾

Navette 在法文裡是小船的意思，這是一道以橙花水調香的小扁舟形狀烤餅乾。以普羅旺斯為主要產地，經常能在甜點店裡看到販賣著堆積如小山的小扁舟餅。
傳說是聖母瑪麗亞乘著小扁舟漂至普羅旺斯因而誕生的這款烤餅乾，是在 18 世紀時馬賽的麵包店「Four des Navettes」所發明，如今依然販售著。店裡稱這款餅乾為「聖維克多小扁舟」（navette de Saint Victor），形狀則為細長的棒狀，中央有道平行直線開口。每年 2 月 2 日的聖燭節，店裡都會請來大主教從烤箱裡親自取出烤好的餅乾而遠近馳名。當天都會大排長龍，聽說一天就能賣出 1 萬片餅乾。接下來的一年之間，如果能好好保管從彌撒儀式收到的小扁舟餅乾，以及代表聖母貞潔的綠色蠟燭，據說這個家庭就能有好運降臨。尼斯（Nice）也看得到這款餅乾，形狀是手掌大小的菱形狀。（甜點製作：下園昌江）

1. 「Four des Navettess」的店面。2. 店裡的餅乾堆成小山一般販售。

Données

Ⓒ 烘烤點心
Ⓞ 天主教的宗教活動、因傳說而誕生
Ⓜ 雞蛋、砂糖、麵粉、橄欖油、橙花水

松子新月餅
Croissant aux Pignons

普羅旺斯—阿爾卑斯—蔚藍海岸
Provence-Alpes-Côte d'Azur

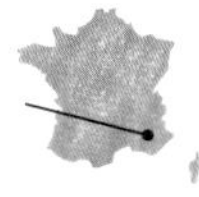

只要吃一口，松子香氣便在嘴中滿溢開來

普羅旺斯地區的普羅旺斯艾克斯（Aix-en-Provence），是這款混合了松子的小型可頌形狀杏仁餅乾的主要產地。在法國預言家諾查丹瑪斯（Nostradamus）於1552年出版的書上就已有記載。作法可謂極其簡單。混合蛋白、糖粉及杏仁粉，捏成新月形狀後在表面灑滿松子後烘烤即可。在氣候溫暖的普羅旺斯地區，水果、松子的栽種興盛，就連點心裡也常見水果乾或堅果類。但松子新月餅的特色是表面灑滿了松子，這是在其他甜點上較為少見的作法。

從普羅旺斯地區開始往西南方向到朗格多克—魯西永地區、南部—庇里牛斯地區，有一片廣闊的松樹林，松子的產量極為傲人。松子的歷史悠久，連《聖經》上都有記載，營養價值極高，被稱為是神仙長生不老的祕密。因此在普羅旺斯一帶，自古以來就會使用松子入菜或做成甜點。松子塔（tarte aux pignons）也相當知名。

（甜點製作：下園昌江）

松子含有豐富油脂並具香甜滋味，經常活用於料理及甜點之中。

Données

Ⓒ 烘烤點心
Ⓞ 運用當地特產製作
Ⓜ 蛋白、砂糖、杏仁、麵粉、松子

糖漬水果
Fruits Confits

普羅旺斯—阿爾卑斯—蔚藍海岸
Provence-Alpes-Côte d'Azur

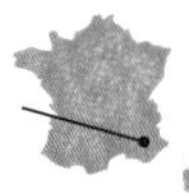

色彩繽紛閃耀的水果寶石

以普羅旺斯為中心發展的糖漬水果。製作材料僅有新鮮水果、水及砂糖。製作重點是花時間緩慢地提升含糖量，讓糖漿完整滲透至水果中心。製作過程謹慎仔細，因此富有質感的糖漬水果經常被選為贈禮或伴手禮。
使用當地特產製成的糖漬水果，能把食材的滋味發揮極至，別具獨特風味。尤其以呂貝宏山區（Luberon）的小鎮阿普特（Apt）所出產的最為知名。從 14 世紀初期便已開始製作，據說 1365 年時曾獻給居住在亞維儂（Avignon）的羅馬主教。使用大量昂貴的砂糖做成的糖漬水果，想必曾是富裕的象徵吧。
雖然據說是阿拉伯人發明了把水果以砂糖浸漬起來以達到保存目的，但似乎在古羅馬或古埃及時代就已經會以蜂蜜浸泡水果或堅果，用以保存。而據說砂糖是在中世紀時，由十字軍東征時傳回普羅旺斯的。
糖漬水果在聖誕節時期的銷量最好。在普羅旺斯是屬於「13 道甜點」（P119）的其中一道。

1. 尼斯的傳統市集上販售著各式不同種類的糖漬水果。
2. 位於尼斯的糖漬水果工廠。

Données

Ⓒ 糖果鋪
Ⓞ 運用當地特產製作
Ⓜ 砂糖、新鮮水果

普羅旺斯香草麵包
Fougasse

普羅旺斯－阿爾卑斯－蔚藍海岸
Provence-Alpes-Côte d'Azur

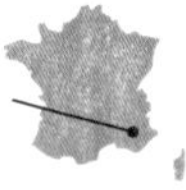

地中海周邊都能品嘗得到的扁平狀麵包

法國最古老的麵包之一，在普羅旺斯一帶相當普遍常見。名稱的語源是從拉丁文的「pains focacius」（意即爐灶，或指以灰燼烘烤的扁平麵包）而來，香草麵包如同其名是一款形狀扁平的麵包，外形或材料則根據地區或家庭而有所變化。據說最初是為了測試窯火溫度，而取一部分麵團壓扁烘烤看看，成為了普羅旺斯香草麵包的雛形。又因為普羅旺斯是橄欖油產地，所以油脂大多使用橄欖油而非奶油。

香草麵包有幾個不同種類。「油渣香草麵包」（fougasse aux grattons）有以豬油或鵝油久煮過的內餡。一般來說混合的材料是乳酪或橄欖等鹹味食材，但也有混合砂糖或橙花水的甜味版本。「橄欖油麵包」則是以橙花水或檸檬、橙皮等調味的甜味香草麵包，是此地區人們在聖誕節時食用的「13 道甜點」（P119）之一。傳統吃法是直接以手撕開食用，如果用刀子切開的話，聽說會將隔年的運氣毀了！（甜點製作：VIRON）

1. 傳統市集上販賣的橙花水香草麵包。2. 聖誕節時，會吃到橄欖油麵包以及照片中的點心。

Données

- Ⓒ 發酵點心
- Ⓞ 運用當地特產製作
- Ⓟ 發酵麵團
- Ⓜ 雞蛋、砂糖、麵粉、酵母、橄欖油、橙花水等

聖托佩塔
Tropézienne

普羅旺斯－阿爾卑斯－蔚藍海岸
Provence-Alpes-Côte d'Azur

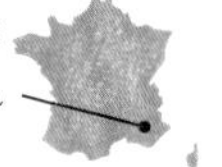

受到女明星喜愛，由麵包和奶餡共譜的諧奏曲

含有大量奶油的圓形布里歐麵團，夾著甜點奶餡和奶油霜混合的內餡，表面灑滿糖霜顆粒，聖托佩塔是誕生於普羅旺斯港口城市聖托佩（Saint-Tropez）的甜點。蓬鬆軟綿的甜麵包，溫和的雞蛋奶餡，是受到許多人歡迎的大眾美味。夾心奶餡部分，有些作法只使用甜點奶餡，或是換成鮮奶油、果醬。

這道點心是在 1950 年時由麵包師傅亞歷山卓．米卡（Alexandre Micka）所研發。據說身為波蘭移民的米卡，融入了對祖國甜點的思念而創造了聖托佩塔。

1955 年因為拍攝電影《上帝創造女人》（*Et Dieu… créa la femme*）而出外景到聖托佩的女明星碧姬．芭杜（Brigitte Bardot），據說因為深深愛上這道甜點而提議「取名為聖托佩塔（tarte Saint-Tropez）如何？」。因為這個契機，最終它被名命為「tropézienne」，法文意思是「居住在聖托佩的女性」。如今它已成為不只聖托佩而是全法國都能見到的甜點了。

而把聖托佩塔推廣開來的店家，如今就名為「La Tarte Tropézienne 」。在店裡販售著各式大小尺寸的聖托佩塔，最近甚至在巴黎的聖日耳曼德佩區（Saint-Germain-des-Prés）開了附帶咖啡廳的分店。如果可能的話，還是希望在普羅旺斯的豔陽底下享用啊。

（甜點製作：Passion de Rose）

1. 聖托佩塔滿滿的內餡夾心。2. 位於巴黎的「La Tarte Tropézienne」分店。3. 各種不同的尺寸。4. 灑滿陽光的蔚藍海岸。

Données

- C 發酵點心
- O 受到外國影響而誕生
- P 布里歐麵團
- S 慕斯林奶餡、甜點奶餡
- M 奶油、雞蛋、砂糖、麵粉、鮮奶油、牛奶

艾克斯杏仁糖
Calissons d'Aix

普羅旺斯—阿爾卑斯—蔚藍海岸
Provence-Alpes-Côte d'Azur

洋溢橙花香氣的微笑糖果

以杏仁膏做成的水果口味糖果，是普羅旺斯地區普羅旺斯艾克斯的知名點心。據說最初是在 13 世紀時，義大利威尼斯當地舉行宗教儀式時，分發給信眾的點心。

名稱的由來說法有許多種：其一，古時候是把糖放在木板上乾燥，因此名稱語源來自普羅旺斯語的「calissoun」（木板架）。其二，1629 年大瘟疫流行期間，舉行使疫情緩和而向守護聖人獻祭的儀式，為其由來。在儀式結束後，由大主教分配放在聖杯裡的杏仁餅，所以普羅旺斯語「calice」（聖杯）就成了語源。其他還有 1473 年時為了慶祝普羅旺斯的安茹王（René d'Anjou）婚禮而製作了杏仁糖。直到儀式當天都沒有笑容的新娘珍王妃（Jeanne de Laval），晚宴時吃了一口杏仁糖竟露出的甜美的微笑。宮廷裡的人們看到王妃露出笑容後詢問：「這種讓王妃露出笑容的糖果叫什麼名字？」國王回答：「它們是輕柔的擁抱。」（Di calin soun.）也有一說名稱是由此事件演變而來。

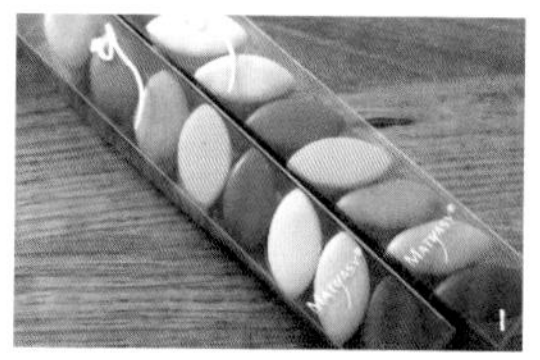

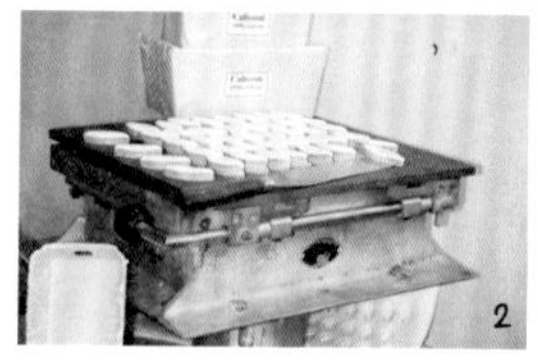

1. 也有彩色的艾克斯杏仁糖。2. 製作艾克斯杏仁糖的機器。

Données

- C 糖果鋪
- O 運用當地特產製作、天主教的宗教儀式
- M 砂糖、杏仁、糖漬水果

脆餅
Croquant

普羅旺斯－阿爾卑斯－蔚藍海岸
Provence-Alpes-Côte d'Azur

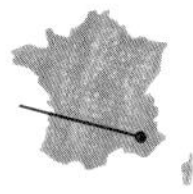

酥脆爽口的簡樸南法烤餅乾

主要產地為法國南部，尤以南部—庇里牛斯地區及普羅旺斯地區為主，是混入了堅果的一種烤餅乾。croquant 在法文裡是脆硬之意。

基本材料有蛋白、砂糖、麵粉及堅果，不過依地區作法有所差異。基本作法是把堅果混入蛋白和砂糖做成的麵團裡，壓成扁平狀後烘烤，完成後的口感脆中帶硬。食材容易取得作法也簡單，是很常見的點心，不過從中世紀以來即以要塞聞名且繁榮的南部—庇里牛斯城市科爾德紋謝勒（Cordes-sur-Ciel）所製作的脆餅就十分有名，當地不停流傳著關於脆餅發源的故事。從 17 世紀開始就是杏仁種植地，杏仁盛產甚至過盛。客棧的女主人思考該如何活用過多的杏仁，所以製作了混合蛋白、砂糖、杏仁的點心，和當地的紅酒搭配提供給客人，而成為脆餅最初的原形。至今仍被稱為「科爾德脆餅」（croquant de Cordes），是當地著名的特色點心，每年 6 月會舉辦脆餅節活動。（甜點製作：下園昌江）

1. 位於科爾德紋謝勒的「砂糖藝術博物館」。2. 博物館裡也有販賣脆餅。

Données

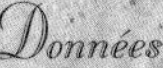

C 烘烤點心
O 運用當地特產製作
M 蛋白、砂糖、麵粉、堅果類

圓圈餅
Rousquille

朗格多克－魯西永
Languedoc-Roussillon

純白圈狀的輕酥餅乾

從法國西南部到西班牙邊境一帶都看得到的傳統烤餅乾。加入適量奶油，質地類似餅乾麵團，用圓圈狀的模型壓出帶有厚度的圈形麵團，烘烤後再淋上檸檬或茴香風味的糖衣作為裝飾。據說法文名稱「rousquille」，是從猶太教舉行儀式時會用到的「茴香麵包」（pain à l'anis）的希伯來語「rosque」而來。也有人認為加泰隆尼亞語的王冠為「rosca」，西班牙語的小圓圈為「rosquilla」，都有可能是「rousquille」的語源。也有另一個名稱為「rosquille」。

最初是在靠近西班牙的瓦耶斯皮爾（Vallespir）一帶所製作的堅硬烤餅乾，再由商人以籃子裝好後帶到市集販賣。1810 年此地區阿梅利萊班（Amélie-les-Bains）的甜點師羅伯．塞吉拉（Robert Seguela）發明了在表面淋上糖衣後，開始廣傳各地。就連庇里牛斯山脈西側的貝亞恩省也能看到圓圈餅的蹤影。

被檸檬風味糖衣包覆，口味清爽的圓形圓圈餅。

Données

- Ⓒ 烘烤點心
- Ⓞ 受到外國影響而誕生
- Ⓢ 皇家糖霜
- Ⓜ 奶油、雞蛋、砂糖、麵粉、檸檬、茴香等等

法式杏仁奶凍
Blanc-Manger

一直深受貴族們喜愛的香甜純白奶凍

這是一道將混合了砂糖的杏仁牛奶以吉利丁凝固的餐後甜點。「blanc-manger」在法文是「白色的食物」之意。這也或許是現存最古老的一道餐後甜點，一直受到貴族們的喜愛。

中世紀時，以雞肉或小牛肉和杏仁一起燉煮後再搗碎的湯品，或在杏仁奶裡加入蜂蜜的飲料都稱作「blanc-manger」。在14世紀的料理書中也可以看到其食譜，內容是把杏仁粉加在富有膠質的肉類或白肉魚中以增加濃稠度，再以鹽和砂糖調味的濃湯。可惜最終這種料理方式沒有被保存下來，大革命後「blanc-manger」便只存在甜品的形式了。到了19世紀，經由甜點師卡漢姆讓這道點心廣為人知。他的法式杏仁奶凍作法，是把杏仁奶和砂糖以及從魚鰾取出的吉利丁混合後製成。

此外，以杏仁和砂糖所做成的阿拉伯甜品，據說起源自朗格多克的蒙彼利埃（Montpellier）一帶；並被該區西側的加泰隆尼亞稱為當地特產。（甜點製作：下園昌江）

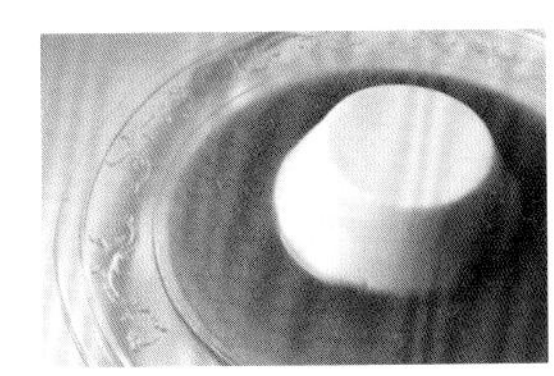

法式杏仁奶凍經常搭配卡士達醬（英式奶蛋醬）或水果醬汁一起品嘗。

Données

- Ⓒ 餐後甜點
- Ⓞ 運用當地特產製作
- Ⓜ 砂糖、杏仁奶、牛奶、吉利丁、鮮奶油

加泰隆尼亞烤布蕾
Crème Catalane

它是烤布蕾的原型嗎？

法文裡的「catalane」是法國境內加上接壤的西班牙東北部加泰隆尼亞自治區的形容詞。由此可知這道甜點的名稱原意，就是「加泰隆尼亞的奶餡」。據說是17世紀時從西班牙的加泰隆尼亞，傳入法國的佩皮尼昂（Perpignan），它的西班牙名稱是「crema catalana」。在3月19日的聖約瑟夫之日當天食用。它也被認為是法式烤布蕾的原型。烤布蕾的作法是把牛奶、鮮奶油、蛋黃及砂糖混合後，隔水加熱烤成。相對地這道加泰隆尼亞烤布蕾的作法，是把牛奶先以檸檬皮和肉桂增添香氣，再加入蛋黃、砂糖及麵粉（或玉米澱粉），以加熱甜點奶餡的方式一邊加熱同時攪拌混合。這個作法會讓口感變得富有黏性，味道也更香濃馥郁。和法式烤布蕾相同，冷卻後在表面灑上未精製蔗糖，再以瓦斯噴槍烘燒達到焦糖化。香氣迷人又輕脆的焦糖口感，配上富有異國風情的奶餡，令人難以忘懷。

（甜點製作：下園昌江）

位於貝雲附近餐廳裡的加泰隆尼亞烤布蕾。大尺寸，很有滿足感。

Données

- Ⓒ 餐後甜點
- Ⓞ 受到外國影響而誕生
- Ⓜ 雞蛋、砂糖、麵粉、牛奶、檸檬皮、肉桂

嘉尼斯特里餅乾

Canistrelli

科西嘉島

Corse

聖週的星期四所食用的餅乾

嘉尼斯特里餅乾是中世紀的宗教儀式裡，與洗腳禮有關的點心。洗腳禮的由來，是耶穌基督在最後的晚餐結束後，親自幫十二門徒洗腳，也吩咐他們應該要幫彼此洗腳。不僅洗去腳上的髒污，也有洗滌因罪過而污染的心的意涵。在聖週期間（復活節前的一週）的週四舉行。

在科西嘉島西北部的卡爾維（Calvie），在此儀式結束後的宗教隊伍裡，會先由牧師對嘉尼斯特里餅乾給予神的加持。然後把嘉尼斯特里餅乾分送給眾人，這麼一來大家也能獲得神的加持了。

此後，嘉尼斯特里餅乾變成牧羊人的傳統點心，如今則成為科西嘉島的代表特產而十分常見。科西嘉島多山，不適合栽種小麥，因此把盛產的栗子磨成粉，做成麵包或粥類食用。所以嘉尼斯特里餅乾也含有栗子粉。近年則有混合了白酒、杏仁、檸檬等不同變化的豐富口味。

（甜點製作：下園昌江）

1. 被地中海環繞的科西嘉島。島上多山，平地少。2. 嘉尼斯特里餅乾在食品店是以秤重形式販賣。

Données

C 烘烤點心

O 天主教的宗教儀式

M 奶油、雞蛋、砂糖、麵粉、栗子粉等

菲亞多那乳酪蛋糕
Fiadone

使用科西嘉島特產布霍丘乳酪的蛋糕

位於義大利半島西邊的法國島嶼科西嘉島，面積與日本廣島縣相當，是地中海第四大島。如今以度假勝地聞名的科西嘉島，在過去則因周邊國家爭奪資源及領土的糾紛，有過相當複雜的歷史。

西元前 3 世紀時被古羅馬帝國控制，到了 5 世紀則被野蠻部落襲擊。11 世紀時屬於比薩共和國、13 世紀時屬於熱內亞共和國，到了 1768 年根據凡爾賽條約，法國擁有正式合法的統治權。在經過紛紛擾擾的支配及統治過後，雖然科西嘉島自身文化或多或少受到侵略的影響，現在則有一種聲音希望能重新梳理當地獨特的文化。

菲亞多那乳酪蛋糕，使用科西嘉島特產的新鮮乳酪布霍丘，混合了雞蛋、砂糖和少量麵粉後製作，是一款清爽無負擔的烤乳酪蛋糕。科西嘉島一直以來就是山羊及綿羊的酪農業興盛之地，布霍丘乳酪就是以山羊奶或山羊及綿羊的混合奶為原料，經過 AOP 的認證。作法和義大利的瑞可塔乳酪（Ricotta）相同，利用製作乳酪過程中產中的水分（乳清），一般是從 11 月開始到隔年的6月為製造期。有新鮮的，也有21天熟成的「passu」以及更乾燥的「secu」三種口感。可以搭配蜂蜜或果醬一起食用，或是作為料理及甜點製作的食材。

科西嘉島以拿破崙的出生地而聞名。據說他因為忘不了母親製作的布霍丘乳酪的美味，而特地帶了山羊到巴黎，想要製造布霍丘乳酪。可惜成品不如在科西嘉時嘗到的美味，這也證明了當地新鮮製造的布霍丘乳酪，美味的確不同凡響。（甜點製作：下園昌江）

1. 位於島中心的城鎮科爾泰（Corte），聳立於懸崖邊的城堡。2. 被地中海環繞的科西嘉島，是感受雄偉大自然的好地方。3. 使用布霍丘乳酪製作的炸點心。

Données

Ⓒ 烘烤點心
Ⓞ 運用當地特產製作
Ⓜ 雞蛋、砂糖、麵粉、布霍丘乳酪

還有許多其他鄉土甜點及傳統糕點

在法國有著數不清的鄉土甜點及傳統糕點。除了在當地所遇見的，還有以下這些也令人印象深刻。

〈鄉土甜點〉

蒙地安 *Mendiant*

亞爾薩斯

一般家庭利用多出來的布里歐或咕咕洛夫所製作的點心。把上述麵包切成適當大小，浸泡在以雞蛋、砂糖及牛奶所混合的奶醬裡，倒入耐熱容器內，加上蘋果或櫻桃後一起烘烤。也被稱為「bettelmann」。

Données Ⓒ 烘烤點心 Ⓟ 布里歐麵團 Ⓜ 奶油、雞蛋、砂糖、牛奶、麵包、水果、肉桂等

羅布庫耶許堅果麵包 *Ropfkueche*

亞爾薩斯

來自於擁有 1,200 年傲人歷史的古鎮羅塞姆的一款發酵麵包。在法國，發酵點心是從 18 世紀左右開始流行，來自麵包師傅所發想的點子。推擀成薄片圓形的發酵麵團上，放有混合了堅果、砂糖、鮮奶油及肉桂等的餡料後，烘烤而成。

Données Ⓒ 發酵點心 Ⓟ 布里歐麵團 Ⓜ 奶油、雞蛋、砂糖、杏仁、麵粉、鮮奶油、牛奶、酵母、鹽、榛果、肉桂

奶酥麵包 *Streusel*

亞爾薩斯

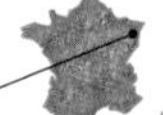

在圓形的布里歐麵團上，灑滿肉桂風味的奶酥（streusel，以奶油、砂糖、麵粉混合而成的散沙狀甜餡）後烘烤而成，略帶甜味的發酵點心。在德國可以看到許多使用了奶酥的麵包或甜點，或許奶酥麵包正是經由這層影響而誕生。

Données Ⓒ 發酵點心 Ⓟ 布里歐麵團 Ⓜ 奶油、雞蛋、砂糖、鹽、酵母、麵粉、肉桂

米布丁 *Teurgoule*

諾曼第

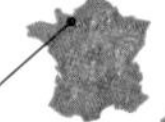

混合米、牛奶、砂糖及肉桂後倒入陶器內，以小火慢烤 6 小時的諾曼第風米布丁。表面會有一層黑色焦化薄膜。以米來做點心是法國普通家庭的習慣之一，在諾曼第地區則是招牌傳統甜點。

Données Ⓒ 餐後甜點 Ⓞ 運用當地特產製作 Ⓜ 砂糖、牛奶、米、肉桂

曼契科夫 *Mentchikoff*

中央羅亞爾河谷

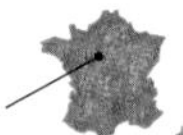

中央地區夏特（Chartres）的名產，為蠶豆形狀的巧克力點心。把帕林內和巧克力所混合好的內餡，用瑞士蛋白霜包覆起來。曼契科夫是侍奉沙皇的總司令的名字。這款點心與 1893 年的法俄同盟相關，由當時的甜點師所發明。

Données Ⓒ 糖果鋪 Ⓞ 從歷史中衍生 Ⓟ 瑞士蛋白霜 Ⓜ 巧克力、杏仁、蛋白、砂糖

奧爾良榲桲糖 *Cotignac d'Orléans*

羅亞爾河谷

放入圓形的扁木盒裡之後再固定，被稱為是「西洋花梨」的榲桲所做成的圓形軟糖。是中央地區奧爾良自古以來的招牌特產。從 15、16 世紀便開始製作，從奧爾良公爵到巴黎的上流社會都會吃的糖果。

Données Ⓒ 糖果鋪 Ⓞ 運用當地特產製作 Ⓜ 砂糖、榲桲

李子派 *Pâté aux Prunes*

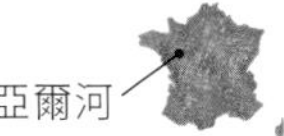

安茹當地的李子派，以派皮包覆滿滿李子餡的甜點。使用羅亞爾河特產的綠李——青梅李（reine claude）來製作的也稱為「青梅李派」（pâté de reine claude）。

Données Ⓒ 烘烤點心 Ⓞ 運用當地特產製作 Ⓟ 酥脆塔皮 Ⓜ 奶油、雞蛋、砂糖、麵粉、李子

薩瓦十字麵包 *Croix de Savoie*

位於隆河—阿爾卑斯地區東部、鄰近瑞士與義大利的薩瓦，當地的名產是一道結合了推薄的布里歐麵團及甜點奶餡的發酵點心。以當地代表旗幟所繪的十字為靈感來源，把 2 種基本材料繞成十字形狀後烘烤是其最大特色。

Données Ⓒ 發酵點心 Ⓟ 布里歐麵團 Ⓢ 甜點奶餡 Ⓜ 奶油、雞蛋、砂糖、麵粉、牛奶、酵母、鹽

阿爾布瓦蛋糕 *Gâteau Arboisien*

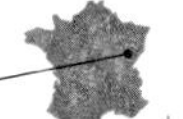

法蘭琪—康堤地區侏羅省的阿爾布瓦（Arbois）的當地特產，是一款堅果巧克力風味的烤蛋糕。蛋黃和砂糖一起打發後加入杏仁粉、榛果粉和可可粉，最後再混合蛋白霜後一起烘烤。作法簡單，一般家庭也經常製作。

Données Ⓒ 烘烤點心 Ⓜ 雞蛋、砂糖、杏仁、榛果、可可粉

核桃蛋糕 *Gâteau aux Noix*

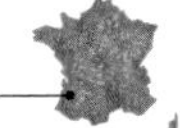

含有大量核桃粉或桃核顆粒的蛋糕。佩里戈是和多菲內地區的格勒諾布爾齊名的核桃產區，生產超過 10 種不同品種的核桃。核挑可混合在海綿蛋糕裡，或淋上焦糖作為塔派的內餡等，作法用途多變。

Données Ⓒ 新鮮甜點 Ⓞ 用當地特產製作 Ⓟ 蛋糕麵糊 Ⓜ 奶油、雞蛋、砂糖、麵粉、核桃

檸檬塔 *Tarte au Citron*

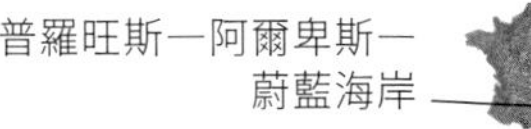

以普羅旺斯的名產檸檬為主角的甜點，如今已是大受歡迎而遍行全法國。在塔皮裡填滿酸酸甜甜的檸檬奶餡。覆蓋裝飾用的蛋白霜，再以烤箱或噴槍為表面增加焦色。近來也有許多不加蛋白霜的作法。

Données Ⓒ 新鮮甜點 Ⓞ 運用當地特產製作 Ⓟ 甜酥麵糰 Ⓢ 檸檬奶餡、義式蛋白霜 Ⓜ 奶油、雞蛋、砂糖、麵粉、檸檬

巧克力蛋糕 Gâteau au Chocolat

簡單好烤的巧克力蛋糕。由於作法相對簡單，比起甜點店，一般家庭或餐酒館更常製作。每個家庭會有自己的食譜配方，雖然簡單但卻能烤出特色風味。可以直接享用，或是搭配打發鮮奶油。

Données Ⓒ烘烤點心 Ⓜ奶油、雞蛋、砂糖、麵粉、巧克力、可可粉

週末蛋糕 Gâteau Week-end

正如其名，這款蛋糕就是週末和家人朋友一起度過時享用的點心。大部分是檸檬口味，清爽的香氣及溫和的口感，無論是誰都會喜歡。出爐即可食用，也可以在周圍淋上檸檬風味的糖衣作為裝飾。

Données Ⓒ烘烤點心 Ⓟ蛋糕麵糊 Ⓜ奶油、雞蛋、砂糖、麵粉、檸檬

愛之井 Puits d'Amour

名為「愛之井」的小點心，是從路易十五的妻子瑪麗喜歡的「王妃一口酥」（在派皮做成的容器裡裝滿白醬或內餡的一種料理）所衍生出來的甜點。起初內餡為紅醋栗果醬，如今最常見的作法是內餡為甜點奶餡、表面淋上焦糖。

Données Ⓒ新鮮甜點 Ⓟ千層派皮麵團 Ⓢ甜點奶餡 Ⓜ油、雞蛋、砂糖、麵粉、牛奶、鹽

聖馬可 Saint-Marc

以「馬可福音」聞名，同時也是威尼斯守護聖人聖馬可的同名蛋糕。以含有杏仁的海綿蛋糕，配上巧克力奶餡及香草奶餡作為夾層夾心。表面淋上焦糖漿，富有光澤且香氣十足。

Données Ⓒ新鮮甜點 Ⓟ杏仁海綿蛋糕麵糊 Ⓢ香緹鮮奶油、巧克力香緹、炸彈麵糊 Ⓜ雞蛋、砂糖、杏仁、麵粉、鮮奶油、巧克力

修女泡芙 Religieuse

甜點店的標配點心。把大小不同的泡芙重疊起來，在接合處擠上奶油霜。在 1850 年時的形狀和現今的版本並不同，但從 19 世紀後半至今則維持同樣外觀。由於形狀類似修女長袍，所以便以修女（religieuse）來命名。

Données Ⓒ新鮮甜點 Ⓟ泡芙麵糊 Ⓢ甜點奶餡、翻糖、奶油霜 Ⓜ油、雞蛋、砂糖、麵粉、牛奶、鹽

熱那亞麵包 Pain de Gênes

Gênes 指的是義大利的熱那亞（Genova）。1800 年法國軍隊在熱那亞被包圍之際，據說士兵們是靠吃米及 50 噸杏仁而活命。上述故事為點心的由來，而研發者據說為巴黎甜點店「Chiboust」裡一位名為福威爾（Fauvel）的甜點師。

Données Ⓒ烘烤點心 Ⓜ奶油、雞蛋、砂糖、杏仁、麵粉

從食譜窺探
法國鄉土甜點

從前面所介紹的甜點之中，
挑選幾款將食譜分享給大家。
作法從只要有食材，就能立刻做好的，
到需要花上時間慢工出細活的皆有。
期許藉此讓各位對法國各地的鄉土甜點，
能有更進一步的深入認識。

亞眠馬卡龍

Macaron d'Amiens

Données P38

特色就是杏仁濃郁的風味和黏牙口感。由於烘烤時間較短，杏仁風味被完整保留下來。常溫下可保存 7 天。

◆ 材料（直徑 3cm×16 個份）

糖粉＝ 80g

杏仁粉＝ 100g

蛋黃＝ 8g

香草精＝ 1 滴

蜂蜜＝ 11g

杏桃果醬＝ 11g

杏仁精 *＝ 0.5g（沒有也無妨）

蛋白＝ 19g

* 杏仁精華

濃縮苦杏仁香氣的精華。香味接近杏仁豆腐，只需少量就有明顯而獨特的香氣。

◆ 準備

烤箱預熱至 200° C。

◆ 作法

1. **麵團**　在料理盆內放入糖粉、杏仁粉，再以木勺拌匀 a。
2. 加入打散的蛋黃、香草精、蜂蜜、杏桃果醬，若有杏仁精也一起加入。先以木勺大致拌匀，再以雙手仔細混合均匀 b。
3. 加入蛋白 * c，仔細拌匀成略軟的杏仁膏狀 d。以保鮮膜加蓋，放入冰箱靜置半天～一晚。

   * 蛋白一開始先放 8 成，只要達到預計的硬度即可。如果硬度適中了，其餘蛋白就不使用。

4. 滾成直徑約 2.5cm 的細長棒狀 e，以保鮮膜包起，放入冷凍室數小時至完全變硬。
5. 把步驟 4 切開成 1.8cm 寬。置於烘焙紙上，中央處以手指輕壓出凹痕 f。
6. **烘烤**　以 180° C 烤箱烘烤 10 ～ 12 分鐘。

a

b

c

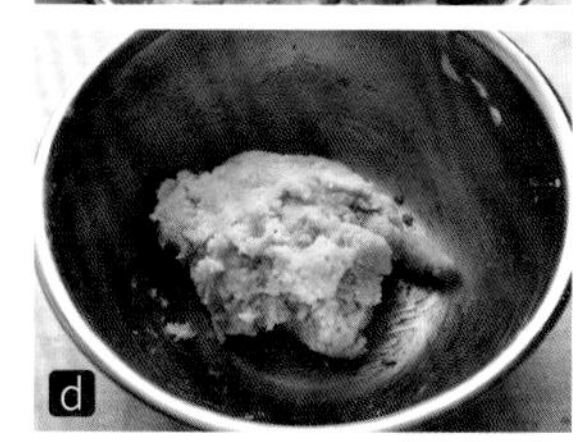
d

e

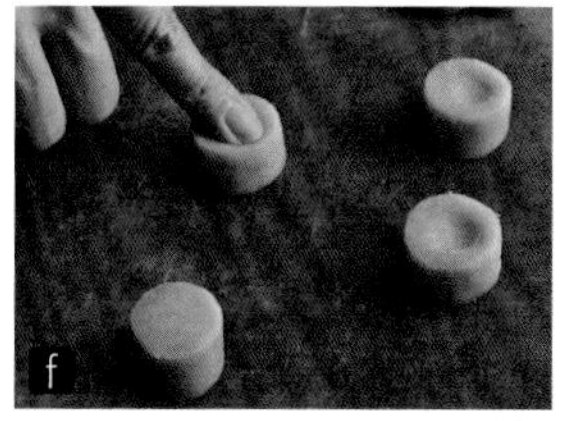
f

復活節小羊蛋糕

Agneau Pascal

Données P48

傳統上麵糊作法是把蛋黃和蛋白分別打發，在這裡為了提升輕爽度及韻味，所以加入了杏仁粉並使用蛋黃蛋白混合打發的作法。常溫下可保持 3 天。

◆ 材料（長度 18cm 的復活節小羊蛋糕模型 ×1 個份）

細砂糖＝ 72g

檸檬皮＝ 1/4 顆

全蛋＝ 110g

香草精＝ 2 滴

低筋麵粉＝ 70g

杏仁粉＝ 15g

奶油＝ 65g

◆ 準備

◎ 檸檬皮磨好備用。

◎ 低筋麵粉、杏仁粉混合過篩。

◎ 奶油隔水加熱融化，溫度保持在 60° C。

◎ 模型內塗上分量外的奶油，放入冰箱冷藏降溫後，再灑上高筋麵粉（分量外），然後拍掉多餘的麵粉。

◎ 烤箱預熱至 200° C。

◆ 作法

1. **麵糊**　料理盆裡放入 3g 細砂糖、現磨檸檬皮，以矽膠刮勺下壓同時磨擦拌勻，讓檸檬香氣滲入砂糖中。
2. 在另一個料理盆內打散全蛋，放入其餘的細砂糖，隔水加熱的同時以手持電動攪拌機低速攪拌，至溫度到達人體體溫程度。
3. 移開熱水，以手持電動攪拌機高速打發 4 分鐘，直到麵糊滴下來會留下痕跡的程度 a。
4. 加入步驟 1、香草精，再以手持電動攪拌機低速混合約 30 秒。換成矽膠刮勺，把粉類分 3 次加入，每次都大約攪拌混合至 8 成左右 b，就可以再倒入下一批的粉類。3 次都倒完後，就要全部仔細拌勻。
5. 取一勺步驟 4 放入融化的奶油裡 c，仔細混合均勻。然後倒回步驟 4 裡，從盆底往上翻舀，仔細地拌勻。
6. 將麵糊倒入模型。先把頭部位置填滿 d，然後再倒滿整個模型 e。
7. **烘烤**　以 180° C 烘烤 30 分鐘，然後以 170° C 再烤 20 ～ 30 分鐘。出爐成功的標準，只要在蛋糕中央以手指下壓，有彈性的話就表示 OK。

   * 烘烤中途可以檢查一下顏色，如果覺得顏色會烤過深的話，就以鋁箔紙加蓋。

8. **裝飾**　稍微散熱後，取下固定用的金屬配件、從模型中取出蛋糕，以濾茶器灑上糖粉（分量外）。

a

b

c

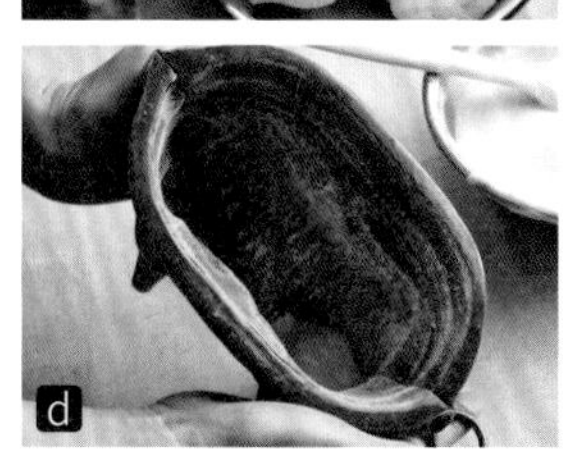
d

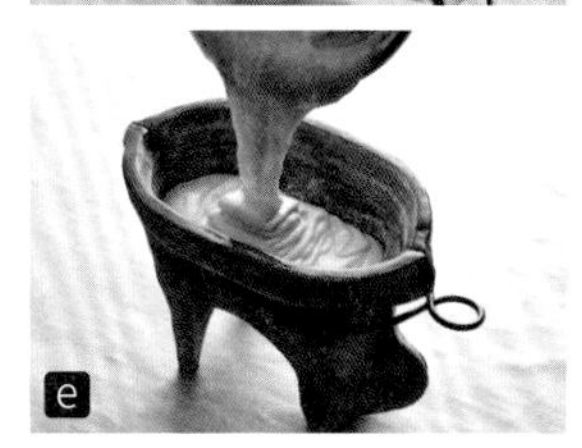
e

瑪德蓮

Madeleine

Données P62

出爐當天食用，外表酥脆、內部濕潤，口感極佳。在濃郁的奶油香氣中能吃到隱約的檸檬清爽滋味。保存期限 3 天，散熱後可裝入保鮮袋以防乾燥。

◆ 材料（長度 7.5cm 的瑪德蓮模型 ×9 個份）

細砂糖＝ 55g

黃糖（日本專有的きび砂糖，類似二砂）＝ 5g

檸檬皮＝ 1/2 顆

低筋麵粉＝ 63g

泡打粉＝ 1.5g

全蛋＝ 84g

鹽＝ 0.2g

香草精＝ 1 滴

蜂蜜＝ 15g

奶油＝ 70g

◆ 準備

◎ 檸檬皮磨好備用。

◎ 低筋麵粉、泡打粉混合過篩。

◎ 奶油隔水加熱融化，溫度保持在 40 ～ 45° C。

◎ 模型內塗上分量外的奶油，放入冰箱冷藏降溫後，再灑上高筋麵粉（分量外），然後拍掉多餘的麵粉。

◎ 烤箱連同烤盤預熱至 210° C。

◆ 作法

1. **麵糊**　料理盆放入細砂糖、黃糖，以矽膠刮勺拌勻。加入現磨檸檬皮，以矽膠刮勺下壓同時磨擦拌勻，讓檸檬香氣滲入砂糖之中 a。加入粉類，以打蛋器拌勻。
2. 在另一個料理盆裡放入雞蛋、鹽，以打蛋器打散拌勻。
3. 把步驟 2 倒入步驟 1 的中央，再以打蛋器從中心慢慢混合 b。依序加入香草精、蜂蜜，每加入一項材料都仔細拌勻。
4. 慢慢加入融化奶油 c，再以打蛋器慢慢混勻。奶油全部倒完後，改以矽膠刮勺混合至麵糊質地完全均勻為止。送入冰箱冷藏一晚。
5. 把步驟 4 裝入擠花袋內，在模型內擠入麵糊至 8 分滿 d。
6. **烘烤**　以 190° C 烘烤 16 ～ 18 分鐘。

a

b

c

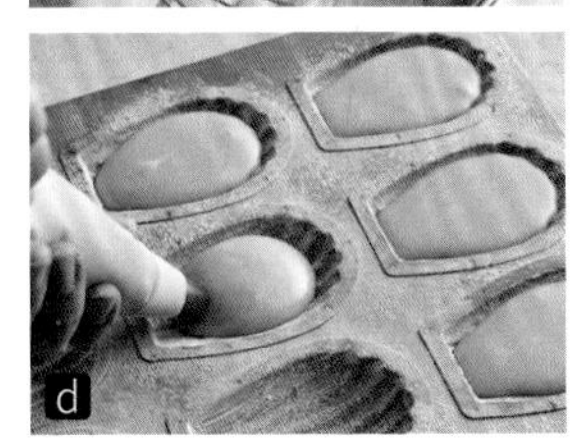
d

布列塔尼奶油酥餅

Palet Breton

Données P76

出爐當天，奶油香氣明顯而濃郁，口感香酥清爽。隔天開始則變成杏仁的韻味較為明顯。常溫下可以保持 1 週左右。請和乾燥劑一起密封保存。

◆ 材料（直徑 6cm×6 ～ 7 個份）

奶油＝ 90g

糖粉＝ 50g

鹽（給宏德鹽 *）＝ 1.5g

蛋黃＝ 13g

蘭姆酒＝ 7g

香草精＝ 1 滴

杏仁粉＝ 8g

低筋麵粉＝ 88g

泡打粉＝ 0.7g

* 給宏德鹽

位於布列塔尼地區的天然海鹽。

以天然的方式緩慢結晶而成，特色是味道富有韻味。

◆ 準備

◎ 奶油置於室溫下軟化備用。

◎ 低筋麵粉、泡打粉混合過篩。

◎ 烤箱預熱至 190° C。

◆ 作法

1. **麵團**　料理盆裡放入奶油，以木勺下壓拌開 a。糖粉分 3 次加入，每次加入後都以畫大橢圓形的方式攪拌約 50 次左右混勻。然後加鹽，再拌勻。
2. 分 2 次加入打散後的蛋黃，每次都攪拌約 50 下。依序加入蘭姆酒、香草精、杏仁粉，每次加入都要仔細攪拌均勻。
3. 粉類一次倒入一半分量 b，每次加入後，一邊轉動料理盆的同時以木勺從盆底向上翻舀的手法攪拌混合，直到看不到粉末為止。待所有粉末都完全拌入後，改以刮板整體混合均勻 c。
4. 以保鮮膜包覆麵團，靜置冰箱冷藏一晚。
5. 麵團置於工作枱上，以擀麵棍擀成 1cm 厚。再放入冷凍庫休息 10 ～ 15 分鐘。

   * 由於麵團很柔軟，用兩片保鮮膜上下包住麵團會更好推擀。
6. 取直徑 6cm 的圓形模型切割麵團 d，放入鋁製模型內 e。剩下的麵團可以重新集合起來，揉成厚度 1cm 再使用。

   * 如果麵團太軟，可以再放入冷凍庫重新降溫。
7. **烘烤**　以 170° C 烤箱烘烤 40 分鐘。

   * 烤 30 分鐘後可查看狀況，若上色太快的話，可以降低烤箱溫度 10° C。

a

b

c

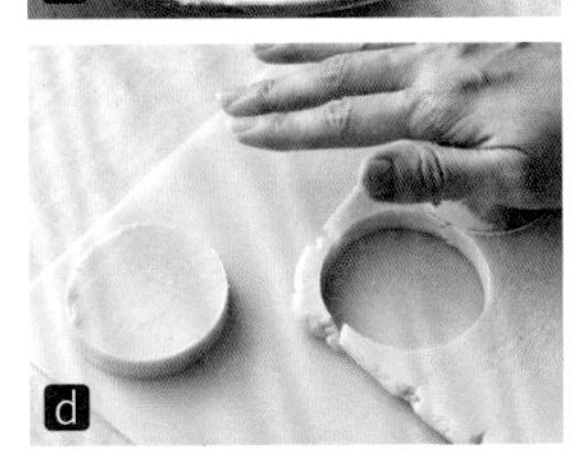
d

e

皮提維耶翻糖蛋糕

Pithiviers Fondant

Données P94

比起出爐當天，隔天再食用會更能感受杏仁的香氣以及蘭姆酒的風味，美味更上一層樓。少量品嘗即能得到滿足感，切開成小片較為適合。可以冷藏也可室溫保存。

◆ 材料（開口直徑 18cm、底部直徑 14.5cm 的圓形蛋糕模型 ×1 個份）

奶油＝ 86g
糖粉＝ 100g
全蛋＝ 176g
杏仁粉＝ 100g
香草精＝ 2 滴
柳橙皮＝ 1/6 顆份
低筋麵粉＝ 30g
蘭姆酒＝ 10g
杏桃果醬＝適量
翻糖 * ＝ 140g
<糖漿>
A｜細砂糖＝ 10g
　｜水＝ 8g

杏仁（去皮）＝ 8 顆
糖漬櫻桃（紅、綠）＝各 2 顆

* 翻糖
砂糖和麥芽糖煮至濃縮、變成白色且黏稠的糖膏狀，可以淋在甜點表面做成淋面。
隔水加熱，溫度調整成接近人體體溫後，再以糖漿軟化後使用。

◆ 準備

◎ 奶油置於室溫下軟化備用。

◎ 柳橙皮磨好備用。

◎ 低筋麵粉過篩。

◎ 模型內塗上分量外的奶油，放入冰箱冷藏降溫後，再灑上高筋麵粉（分量外），然後拍掉多餘的麵粉 A。

◎ 小鍋裡放入 *A*，加熱做成糖漿。

◎ 烤箱連同烤盤預熱至 190° C。

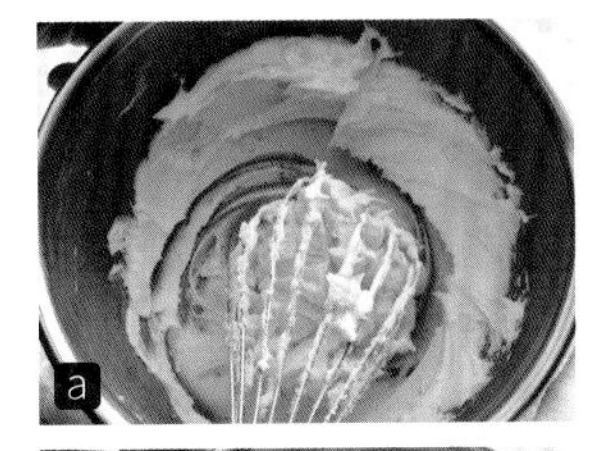

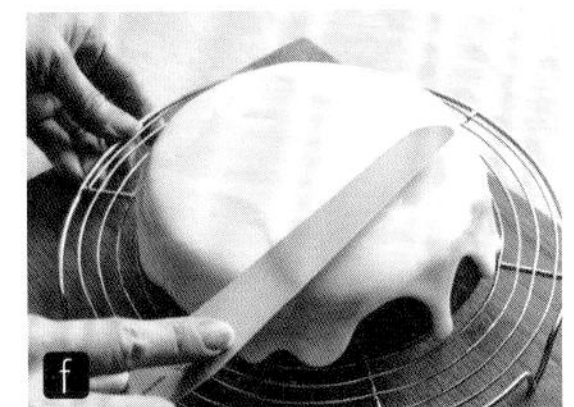

◆ 作法

1. **麵團**　料理盆裡放入奶油，以木勺下壓拌開。糖粉分成 3 次加入，打蛋器以畫大圓的手法混合 a。
2. 慢慢少量加入打散的蛋液，每次加入後都攪拌均勻。當蛋液已倒入 6 成左右後，把杏仁粉分成 2 次加入，混合拌勻。把剩下的蛋液再分成 3 ～ 4 次加入，混合拌勻 b。
3. 加入香草精、現磨柳橙皮後混合均勻。接著加入低筋麵粉，一邊轉動料理盆的同時以木勺從盆底向上翻舀的手法攪拌混合，直到完全看不到粉末為止。
4. 加入蘭姆酒，混勻。把麵糊倒入模型內 c。
5. **烘烤**　以 170° C 烤箱烘烤 45 ～ 50 分鐘。出爐成功的標準，只要在蛋糕中央以手指下壓，有彈性的話就表示 OK。
6. **裝飾**　散熱後，刷上加熱後的果醬 d，置於室溫下 2 小時，讓表面乾燥。
7. 在料理盆裡放入翻糖，以隔水加熱方式溫熱至人體體溫程度。倒入糖漿，調整成液態程度 e。
8. 把步驟 7 倒在步驟 6 上，再以抹刀抹平表面及側面 f。最後放上對半切開的杏仁及糖漬櫻桃裝飾。

薩瓦蛋糕

Gâteau de Savoie

Données P115

口感蓬鬆、滋味清爽，直接吃當然已經很美味，但是配上鮮奶油或果醬一起食用美味更升級！建議出爐當天至隔天享用完畢。室溫保存即可。

◆ 材料（直徑 15cm、高度 12cm 的薩瓦模型 ×1 個份）

蛋黃＝ 60g
細砂糖＝ 120g
香草莢＝ 1/5 根
香草精＝ 2 滴
蛋白＝ 126g
鹽＝ 0.2g
低筋麵粉＝ 46g
玉米粉＝ 44g

◆ 準備

◎ 剖開香草莢，以刀背取出香草籽 A。

◎ 低筋麵粉、玉米粉混合過篩。

◎ 模型內塗上分量外的奶油，放入冰箱冷藏降溫後，再灑上高筋麵粉（分量外），然後拍掉多餘的麵粉。

◎ 烤箱連同烤盤預熱至 190° C。

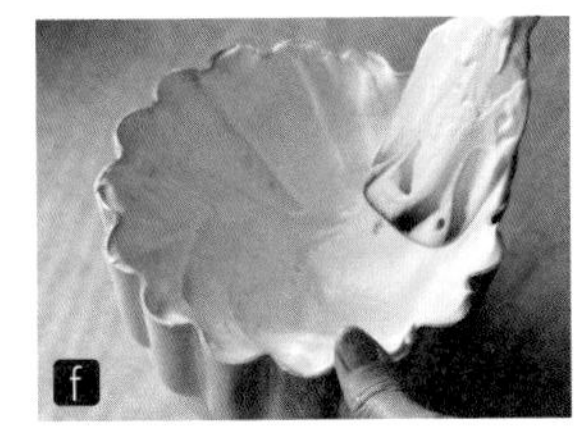

◆ 作法

1. **麵糊**　料理盆裡放入蛋黃、3 成左右的細砂糖、香草籽、香草精，以打蛋器攪拌混合至顏色變淡偏白 a。
2. 另取一個料理盆，放入蛋白、鹽，以手持電動攪拌器低速打發 40 秒。把其餘的細砂糖分 3 次加入，以手持電動攪拌器高速仔細打發，做成蛋白霜 b。
3. 取一勺蛋白霜放入步驟 1 c，打蛋器以畫圓的手法拌勻。
4. 加入其餘一半分量的蛋白霜，以矽膠刮勺從盆底向上翻舀的手法混合。混合至 8 成左右，加入一半分量的粉類，繼續以同樣手法混合。加入其餘蛋白霜繼續混合，再加入其餘粉類 d，混和攪拌直到看不到粉末 e。
5. 將麵糊倒入模型內，以矽膠刮勺調整麵糊成中央低、周圍高的狀態 f。
6. **烘烤**　以 170° C 烤箱烘烤 40 ～ 50 分鐘。
7. **裝飾**　出爐後立刻從模型內取出，散熱後灑上糖粉（分量外）。

庇里牛斯山蛋糕

Tourte des Pyrénées

Données P132

出爐當下的口感為表皮酥鬆、內部柔軟。經過一段時間後，會變成整體口感都濕潤，茴香酒的風味也更加明顯。可用保鮮膜包起預防乾燥，以室溫或冷藏保存。可維持 2 ～ 3 天。

◆ 材料（直徑 18cm 的布里歐模型 ×1 個份）

奶油＝ 100g
細砂糖＝ 100g
香草莢＝ 1/4 根
香草精＝ 2 滴
糖粉＝ 18g
杏仁粉＝ 18g
全蛋＝ 125g
低筋麵粉＝ 164g
泡打粉＝ 4g
法國茴香酒 * ＝ 20g

〈糖漿〉

A 細砂糖＝ 20g
　水＝ 15g

法國茴香酒＝ 10g

* 一種法國的利口酒。以八角、甘草及茴香等香草植物調味。

◆ 準備

◎ 奶油置於室溫下軟化備用。

◎ 香草莢剖開後，以刀背取出香草籽。

◎ 低筋麵粉、泡打粉混合過篩。

◎ 模型內塗上分量外的奶油，放入冰箱冷藏降溫後，再灑上高筋麵粉（分量外），然後拍掉多餘的麵粉。

◎ 烤箱連同烤盤預熱至 190° C。

◎ 製作糖漿。小鍋裡放入 *A* 加熱。煮至細砂糖溶化、散熱至不燙手的程度後，取 10g 和法國茴香酒混合。

◆ 作法

1. **麵糊**　料理盆裡放入奶油，以木勺下壓拌開。把細砂糖分 4 次加入奶油中，每次加入都攪拌 30 下 a。再加入香草籽和香草精，拌勻。
2. 依序加入糖粉和杏仁粉，每次加入都以打蛋器仔細拌勻。
3. 把打散的蛋液分 10 次加入，每次加入都要攪拌均勻。到了第 7 ～ 8 次後，倒入 1/5 分量的粉類，混合均勻。再把剩下的蛋液加入，攪拌均勻。
4. 把剩下的粉類分 2 次加入，一邊轉動料理盆的同時以木勺從盆底向上翻舀的手法攪拌混合，直到麵團出現光澤感為止 b。加入法國茴香酒 c，仔細混合均勻。
5. 把麵團放入模型內，以矽膠刮勺調整成中央低、周圍高的狀態 d。
6. **烘烤**　以 170° C 烤箱烘烤 55 分鐘。
7. **裝飾**　出爐後立刻整體刷上糖漿 e。散熱後灑上糖粉（分量外）。

和平鴿蛋糕

Colombier

Données P144

出爐隔天再食用，杏仁及水果乾的風味會更加明顯。表面的淋面有點黏手，請以冷藏保存，吃之前再以常溫退冰。冷藏可保存 1 星期。

◆ 材料（開口直徑 18cm、底部直徑 14.5cm 的圓形蛋糕模型 ×1 個份）

糖粉＝ 75g
杏仁粉＝ 75g
蛋白＝ 9g
水＝ 9g
全蛋＝ 93g
香草精＝ 2 滴
玉米粉＝ 22g
糖漬橙皮（5mm 見方）＝ 50g
柑曼怡橙酒 * ＝ 5g
蘭姆酒漬葡萄乾（市售成品）＝ 38g
蘭姆酒＝ 5g
奶油＝ 40g
杏桃果醬＝適量
杏仁碎（也可以自己切碎）＝ 33g
杏仁膏（鴿子用）＝約 18g

〈蘭姆酒淋面〉
糖粉＝ 45g
蘭姆酒＝ 6g
水＝ 4g

〈粉紅酥粒〉
杏仁碎＝ 24g
細砂糖＝ 24g
水＝ 8g
色素（紅）＝少許

* 柑曼怡橙酒 Grand Marnier
法國的柳橙利口酒。在甘邑酒裡加入苦橙精華，洋溢著富有深度的柳橙芳香。
和柳橙類或巧克力口味的甜點特別對味。

◆ 準備

◎ 玉米粉過篩備用。

◎ 把糖漬橙皮淋上柑曼怡橙酒，靜置一晚。

◎ 奶油隔水加熱融化。

◎ 模型內部厚塗上一層奶油（分量外、和 1/5 分量的高筋麵粉混合），不留空隙黏上杏仁碎 A。

◎ 用杏仁膏製作鴿子塑像。

◎ 製作粉紅酥粒。把杏仁碎以 170 ° C 烤箱烘烤 10 分鐘。小鍋裡放入細砂糖、水、色素，加熱至 117 度後熄火，加入杏仁碎。以木勺持續攪拌，表面結晶變白即可 B。

◎ 烤箱連同烤盤加熱至 190 ° C。

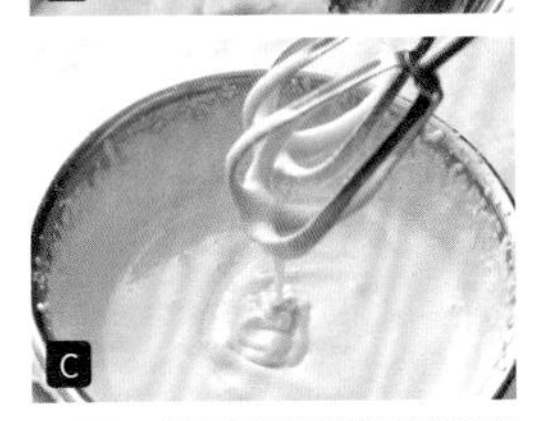

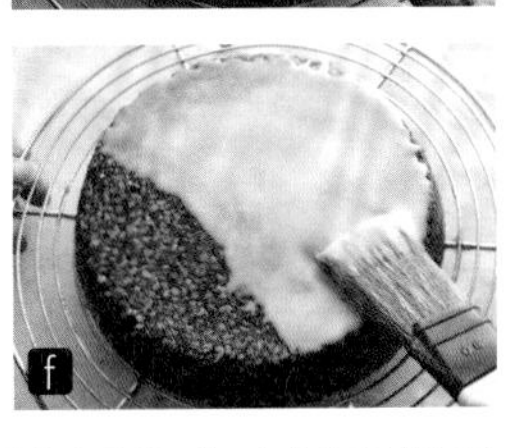

◆ 作法

1. **麵糊**　料理盆裡放入糖粉及杏仁粉，以矽膠刮勺混合均勻。加入蛋白和水，待材料都融合均勻後，以雙手仔細揉拌 a。加入 1/5 分量打散的蛋液 b，仍然以雙手混合直到所有材料都均勻。
2. 倒入其餘蛋液的一半分量，以手持電動攪拌器高速攪拌 3 分鐘，然後倒入最後的蛋液，以同樣方式繼續攪拌 3 ～ 4 分鐘 c。
3. 加入香草精、玉米粉，以矽膠刮勺從盆底向上翻舀的手法，混合拌勻直到完全看不到粉末。
4. 加入糖漬橙皮、蘭姆酒漬葡萄乾、蘭姆酒，攪拌至 8 成均勻。加入融化後的奶油 d，以膠矽刮勺從盆底向上翻舀的手法仔細拌勻。將麵糊倒入模型。
5. **烘烤**　以 170 ° C 烤箱烘烤 45 分鐘。出爐成功的標準，只要在蛋糕中央以手指下壓，有彈性的話就表示 OK。
6. **裝飾**　散熱至不燙手的程度後，以刷子刷上溫熱後的果醬 e，置於室溫下 2 小時，待表面乾燥。
7. 製作蘭姆酒淋面。料理盆裡放入糖粉、蘭姆酒、水。視情況可再添加分量外的糖粉或水，以調整到最佳軟硬度。以刷子整體薄刷一層於步驟 6 上 f。
8. 用粉紅色酥粒裝飾步驟 7，然後預熱烤箱至 210 ° C，把蛋糕放入烤箱約 60 ～ 90 秒，直到蘭姆酒淋面顯出透明感。冷卻後，在中央放上以杏仁膏製作的鴿子塑像。

小扁舟餅

Navette

Données P146

Données P146

南法的乾燥餅乾。油脂含量低，口感輕爽、味道平易近人。雖然每個地區製作的形狀不同，這裡我們介紹的是尼斯風格，外形為菱形狀的小舟餅乾。常溫下能保存 2 週左右。

◆ 材料（長度 5.5cm×17 個份）

低筋麵粉＝ 100g

糖粉＝ 50g

泡打粉＝ 0.6g

柳橙皮＝ 1/3 顆份

全蛋＝ 25g

奶油＝ 14g

橙花水 *＝ 3g

* 橙花水

橙花花苞經過蒸餾後取得的精華。

沒有的話，也可以相同分量的柳橙利口酒或牛奶來替代。

◆ 準備

◎ 低筋麵粉、糖粉、泡打粉混合過篩。

◎ 奶油置於室溫下軟化。

◎ 柳橙皮磨好備用。

◎ 烤箱預熱至 210° C。

◆ 作法

1. **麵團**　在工作枱上放上粉類、糖粉、現磨橙皮，以雙手揉拌均勻 a。
2. 將 1 整成外圍較高的圓形，在中央倒入打散的蛋液、奶油、橙花水 b。以雙手配合刮板，將整體混合均勻 c。
3. 麵團整形為一體後 d，以保鮮膜包覆後置於冰箱冷藏 1 小時～一晚。
4. 將麵團切分成17等份（每1份約11g）。搓成長度5～5.5cm 且兩端尖細的形狀，以手掌分別為兩端塑形 e。表面薄刷上分量外的全蛋蛋液 f，中央以刀子輕輕畫出縱向開口。
5. **烘烤**　以 190° C 烤箱烘烤 16 ～ 18 分鐘。

* 使用黑網矽膠墊（slipan）來烘烤，餅乾的成形及膨脹效果會更佳。

a

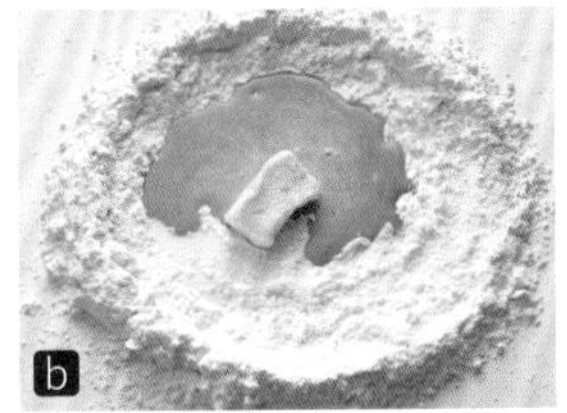
b

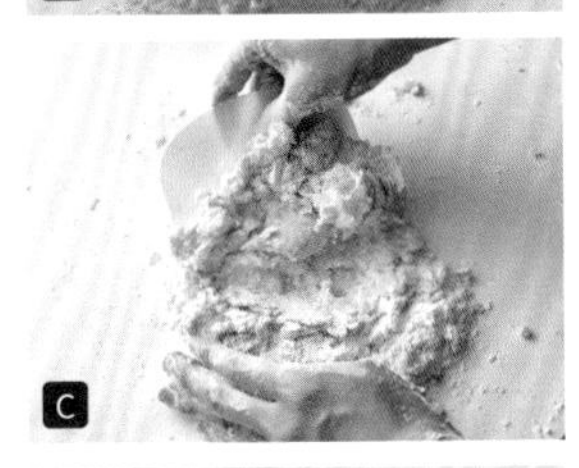
c

d

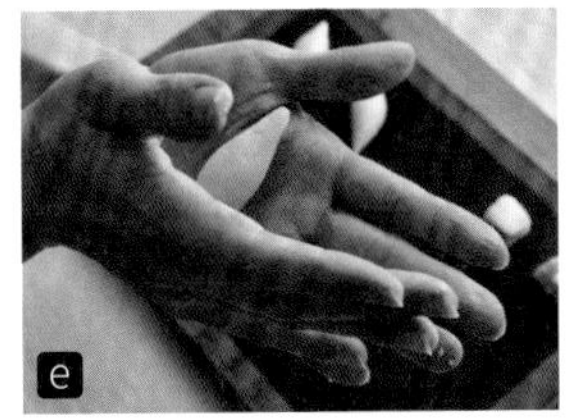
e

f

脆餅

Croquant

Données P153

口感酥鬆、咬下去咔滋咔滋作響，每吃一口都充滿樂趣的脆餅，為了保持乾爽不受到濕氣干擾，請和乾燥劑一起密封保存。新鮮度能夠維持 2 週左右，一次出爐就能享受好長的美味。

◆ 材料（直徑 6.5cm×10 個份）

蛋白＝ 17g

糖粉＝ 67g

低筋麵粉＝ 20g

杏仁 * ＝ 60g

全蛋＝適量

糖粉＝適量

* 杏仁之外，也可以混合榛果或開心果，同樣美味。

a

b

c

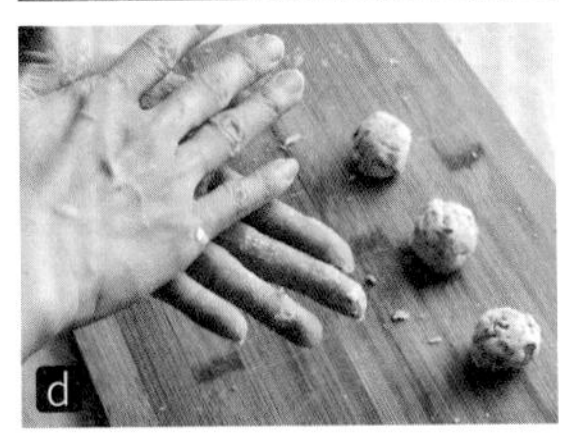
d

e

f

◆ 準備

◎ 低筋麵粉過篩備用。

◎ 杏仁以 170° C 烤箱烤 10 分鐘，置涼後切成 4 等份。

◎ 烤箱預熱至 170° C。

◆ 作法

1. **麵團**　料理盆裡放入蛋白、糖粉，以手持電動攪拌機高速打發 2 分鐘，至蛋白霜滴下後還能稍微看得見痕跡的狀態即可 a。加入低筋麵粉，以矽膠刮勺拌勻。
2. 加入切好的杏仁顆粒，把麵團集結成一大塊，放在工作枱上 b。
3. 用刀子切開步驟 2，把堅果切碎的同時也讓麵團混合得更均勻 c。持續切碎直到堅果變成 7mm 大小的顆粒。

   * 如果粉末較多，可以添加少許蛋白（分量外），相反若是水分較多，則可添加少許糖粉（分量外）。
4. 麵團分成 10 等份（每一份約 16g），揉成球形 d。置於烘焙紙上，再以手掌下壓攤平，最後用手指調整成圓形 e。
5. 打散全蛋蛋液，刷在步驟 4 上，表面灑上糖粉 f。
6. **烘烤**　以 150° C 烤箱烘烤 30 分鐘。

嘉尼斯特里餅乾
Canistrelli

Données P157

科西嘉島上的當地特產，使用栗子粉來製作這款口味純樸的餅乾。我們以麵粉替代部分的栗子粉，再以檸檬或橙皮增添香氣，也同樣美味。常溫下可保存 10 天左右。

◆ 材料（3cm 見方的正方形 ×35 個份）

奶油＝ 80g
細砂糖＝ 60g
黃糖＝ 20g
全蛋＝ 72g
香草精＝ 2 滴
低筋麵粉＝ 125g
栗子粉 * ＝ 75g
泡打粉＝ 4g

* 栗子粉
去除澀皮後的栗子，乾燥後磨成粉的成品。
常用於法國的科西嘉島及義大利的托斯卡尼地區。

◆ 準備

◎ 奶油及雞蛋置於室溫下退冰。

◎ 細砂糖及黃糖混合備用。

◎ 低筋麵粉、栗子粉、泡打粉混合過篩。

◎ 烤箱預熱至 190° C。

◆ 作法

1. **麵團**　料理盆裡放入奶油，以木勺下壓拌勻。把砂糖類分 3 次加入，每次加入後都攪拌 30 下。
2. 把打散的蛋液分 5 次加入 a，每次加入都攪拌 30 下。如果攪拌過程感覺不容易完全混合的話，可以先倒入 1/5 分量的粉類一起攪拌。
3. 加入香草精。加入一半分量的粉類，一邊轉動料理盆的同時以木勺從盆底向上翻舀的手法攪拌混合，直到完全看不到粉末。再加入其餘的粉類，以同樣手法拌勻。至完全看不到粉末後，改以刮板繼續整體混合均勻 b。
4. 以保鮮膜包覆麵團 c，靜置冰箱冷藏一晚。
5. 把麵團置於工作枱上，以擀麵棒擀成 1cm 厚 d，放入冷凍庫靜置 15 分鐘。
6. 以刀子切成 3×3cm 大小 e，表面沾上細砂糖（分量外） f。
7. **烘烤**　以 170° C 烤箱烘烤 20 分鐘。

a

b

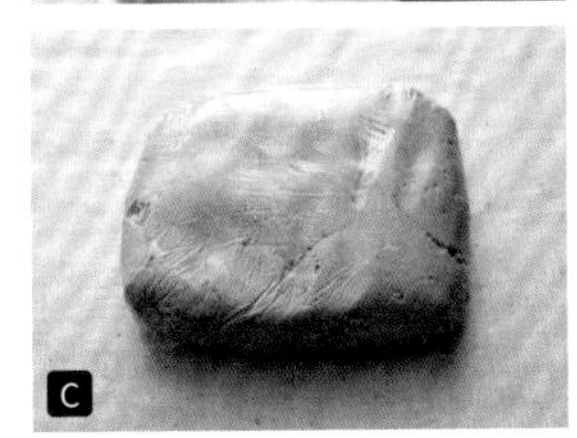
c

d

e

f

法式甜點店店家資訊

以下為本書甜點製作協力店家

※ Ⓐ 地址 Ⓣ 電話號碼 Ⓗ 營業時間、店休日

※ 依照各店家不同，甜點的名稱或樣式可能與本書內容有所差異。此外也有僅供參考的商品，敬請見諒。

アヴランシュ・ゲネー
Averanches Guesnay

位於東京都。經過在諾曼第的訓練後，擔任神樂坂 Agnes Hotel 的甜點店「Le Coin Vert」的甜點主廚。也擔任以甜點為主題的電影《幸福洋菓子》的甜點監修。2015 年獨自創業，以其獨特且現代感的甜點受到高人氣關注。

Ⓐ 東京都文京區本鄉 4-17-6 1F
Ⓣ 03-6883-6619
Ⓗ 11：00 ～ 18：00
週一公休、不定期休

アミティエ神樂坂
Amitié Kagurazaka

位於喧囂的神樂坂鬧中取靜的一角，茶館裡能喝到美味的紅茶配上好吃的點心。對於烘烤點心相當拿手的甜點主廚三谷智惠，學藝於巴黎的藍帶學院及當地甜點店，店內尤以當季的水果塔最受顧客喜愛。

Ⓐ 東京都新宿區築地 8-10
Ⓣ 03-5228-6285
Ⓗ 11：00 ～ 19：00
週二公休、週一不定期休

アルカション
ARCACHON

於日本國內甜點店及法國亞奎丹地區的波爾多受訓過的甜點主廚森本慎，於 2005 年創業。店內氣氛有如走入法國鄉村般，甚至可以品嘗午餐及葡萄酒等輕食。店內招牌甜點正是學藝地點波爾多的名產可麗露。令人無法忘懷的美妙滋味。

Ⓐ 東京都練馬區南大泉 5-34-4
Ⓣ 03-5935-6180
Ⓗ 10：30 ～ 19：00
週一公休、不定期休

アンリ・ルルー（伊勢丹新宿店）
HENRI LE ROUX（已歇業）

創業於布列塔尼地區的基伯龍，如今在巴黎、東京都有分店。創始人亨利．勒胡的作品牛奶糖「C.B.S.」是此店的招牌。現在由第二代甜點主廚朱里安．古濟昂（Julien Gouzien）接班並傳承其精神。

Ⓐ 東京都新宿區 3-14-1
伊勢丹新宿店本館 B1 Café et Sucre
Ⓣ 03-3352-1111（總代表號）
Ⓗ 10：30 ～ 20：00　不定期休

ヴィロン（澀谷店）
VIRON

從法國直接進口的麵粉所烘烤出來的商品相當受歡迎，店內招牌是能吃到小麥滋味及麥香的「傳統法式長棍麵包」。其他法國的傳統糕點及經典點心也相當豐富，從剛出爐的費南雪、瑪德蓮到閃電泡芙、巴巴都有。

Ⓐ 東京都澀谷區宇田川町 33-8
Ⓣ 03-5458-1770
Ⓗ 9：00 ～ 22：00　無公休

エーケーラボ
A.K. Labo

店內所販賣的並非一本正經的甜點，而是法國的日常生活中經常可見的點心。主廚庄司 Akane 原本的工作是料理書的設計師，因此擁有獨到的品味及對甜點強烈的表現欲。每個月都會推出一款新的法國鄉土甜點。

Ⓐ 東京都武藏野市中町 3-28-11
Ⓣ 0422-38-9272
Ⓗ 11：00 ～ 18：00
週一至週四公休，每月更新營業時間

グラッシェル
GLACIEL

屈指可數的冰淇淋蛋糕（entremets glacés）及新鮮冰淇淋的專賣店。賞心悅目，運用嚴格挑選的水果及巧克力等食材所製作的冰淇淋蛋糕十分受歡迎。

Ⓐ 東京都港區北青山 3-6-26
Ⓣ 03-6427-4666
Ⓗ 12：00 ～ 19：00　無公休

シャンドワゾー
Chant d'Oiseau

甜點主廚村上太一於日本國內及比利時等地受訓後，於 2010 年創業。店內提供靈活運用簡單食材的樸素甜點，以及美麗且滋味高雅的巧克力等，選擇眾多。許多顧客是店內可頌、咕咕洛夫等發酵點心的愛好者。

Ⓐ 埼玉縣川口市幸町 1-1-26
Ⓣ 048-255-2997
Ⓗ 10：00 ～ 19：00　不定期休

シュクレリーナード
SUCRERIES NERD（已歇業）

店內可以完全感受到久保直子主廚那份熱愛傳統點心的世界觀。歷經日本、法國的層層訓練，於 2012 年創業。強調蛋糕本質美味的巴斯克蛋糕、咕咕洛夫等樸實甜點，店內一應俱全。

Ⓐ 東京都大田區雪谷大塚 19-6
Ⓣ 03-6425-8914
Ⓗ 10：00 ～ 20：00　週三公休

トゥジュール
TOUJOURS

2011 年創業於大自然環繞的山邊。吃得到四季變化的蛋糕、以石窯燒烤的自家製酵母麵包，還有以柴火烘烤的樹狀蛋糕。手工製作出與大自然密切結合的美食。

Ⓐ 鳥取縣岩美郡岩美町岩本 688-45
Ⓣ 0857-73-5070
Ⓗ 10：00 ～ 18：30　週三公休

ハイアット リージェンシー 東京（ペストリーショップ）
HYATT REGENCY TOKYO（該分店已歇業）

時髦飯店內部的糕餅店裡，可以外帶精緻的甜點。Pastry Baker 的主廚佐藤浩一和甜點主廚仲村和浩合作，打造出帶有獨特世界觀、樣式豐富的各式甜點，同時飯店內咖啡廳的甜點也是由店內提供。

Ⓐ 東京都新宿區西新宿 2-7-2 大廳 2F
Ⓣ 03-3348-1234（代表號）
Ⓗ 10：00 ～ 21：00　無公休

パッション ドゥ ローズ
Passion de Rose

擁有獨到創意的田中貴士主廚。把本人對法國甜點的熱情投射在店名上，同時也表現在甜點製作上。店內招牌是以紅玫瑰為靈感的「rose」。每個月都有以法國各地區為主題的甜點作品上市，炒熱人氣。

Ⓐ 東京都港區白金 1-13-12
Ⓣ 03-5422-7664
Ⓗ 11：00 ～ 19：00　週一公休

パティシエ・シマ
Patissier Shima

將安茹鮮奶油蛋糕引進日本的島田進主廚，於 1998 年創業。又以覆盆子作為內餡的安茹鮮奶油蛋糕（crème Anjou）是店內招牌。如今兒子徹主廚也入行列，為傳統點心帶入一股嶄新氣息。

Ⓐ 東京都千代田區麴町 3-12-4
Ⓣ 03-3239-2031
Ⓗ 10：00 ～ 19：00、
週六及例假日～ 17：00 週日公休

パティスリー クロシェット
PATISSERIE CLOCHETTE

相當受歡迎的甜點店，使用當季水果或巧克力製作的蛋糕大受好評。作工細膩的蛋糕配上優雅的口感，擄獲許多老顧客的心。主廚鈴木幸仁對於研究法國鄉土甜點相當有熱忱，希望將亞爾薩斯的魅力傳遞給大家。

Ⓐ 靜岡縣藤枝市高柳 3-26-32
Ⓣ 054-636-7336
Ⓗ 10：00 ～ 19：00　週一公休

パティスリー・パクタージュ
Pâtisserie PARTAGE

具有法國受訓經驗的齊藤由季主廚於 2013 年創業。仔細烘烤、充滿濃郁香氣的烘烤點心、發酵點心，以及使用在法國里昂受訓時難以忘懷的紅色果仁糖所做成的點心，都相當吸睛。

Ⓐ 東京都町田市玉川學園 2-8-22
Ⓣ 042-810-1111
Ⓗ 11：00 ～ 19：00
週日、週一、週二公休

パティスリー ユウ ササゲ
Patisserie Yu Sasage

在法國知名甜點店及義大利餐廳等地廣泛學習甜點製作的捧雄介，於 2013 年創業。店鋪外觀使用怡人優雅的薄荷綠色，相當引人注意。在發揮傳統甜點的特色的同時，帶有個人特色的新風格點心也聚集了相當的人氣。

Ⓐ 東京都世田谷區南烏山 6-28-13
Ⓣ 03-5315-9090
Ⓗ 10：00 ～ 18：00
週二、週三公休

パティスリーロタンティック
Pâtisserie L'Authentique

以經典的法式甜點為主軸，融合了関本祐二主廚的巧思，創造出品項豐富的點心。富有現代感的摩登甜點以及古典風格的傳統糕點，同時並存沒有任何違和感，自 2013 年創業以來陸續增加追隨者。店裡裝飾用的法國配件也是一大看點。

Ⓐ 埼玉縣埼玉市南區文藏 2-29-19
Ⓣ 048-839-8227
Ⓗ 10：00 ～ 17：00　週三、週四公休

ピュイサンス
PUISSANCE

店內氣氛彷彿回到舊時代法國的傳統氛圍，除了蛋糕之外還提供烘烤點心及發酵點心等，種類豐富。主廚井上佳哉在隆河、諾曼第、巴斯克等地區都有受訓經驗，對於法國鄉土甜點造詣豐富。

Ⓐ 神奈川縣橫濱市青葉區みたけ台 31-29
Ⓣ 045-971-3770
Ⓗ 09：00 ～ 17：00　週三、週四公休

フレデリック・カッセル（銀座三越）
Frédéric Cassel

本店位於巴黎郊外的古城楓丹白露。使用上好品質的食材製作的美味華麗甜點，擄獲許多粉絲的心。招牌點心香草千層派（millefeuille vanille），獲得法國甜點店聯合主辦的比賽裡的「最佳千層派」大獎。

Ⓐ 東京都中央區銀座 4-6-16 銀座三越 B2
Ⓣ 03-3535-1930
Ⓗ 10：00 ～ 20：00 不定期休

ブロンディール
BLONDIR

擁有法國洛林地區的受訓經驗，藤原和彥主廚從烘烤點心、發酵點心開始，製作種類廣泛的法國鄉村甜點，推出的品項之多技壓群雄。2004 年創業，2015 年搬至現址。店內裝潢典雅，讓人彷彿置身法國甜點店般的氛圍。

Ⓐ 東京都練馬區石神井町 4-28-12
Ⓣ 03-6913-2749
Ⓗ 10：00 ～ 18：00
週二、週三公休

リチュエル パークリストフ・ヴァスール
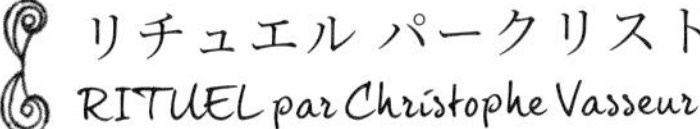

（已歇業）

巴黎人氣麵包店「Du Pain et des Idées」的負責人克里斯多夫．瓦舍（Christophe Vasseur）於日本推出的品牌。每一款使用國內外優質食材製作的花式麵包（Viennoiserie）都大受歡迎。店內的招牌是飄著香醇奶油氣味、以清爽的自家製奶餡為特色的蝸牛麵包（Escagot）。

Ⓐ 東京都港區北青山 3-6-23
Ⓣ 03-5778-9569
Ⓗ 8：00 ～ 19：00
週六、週日、例假日 9：00 ～
不定期休

リョウラ
Ryoura

珍視法式傳統的同時又以卓越的品味擄獲許多粉絲味蕾的菅又亮輔主廚，於 2015 年創業。許多顧客熱愛他色彩鮮豔美麗的馬卡龍，主廚本人甚至撰寫過一本馬卡龍的食譜書。除了工法結構繁複的甜點美味好吃，就連造型簡單的蛋糕卷也是一道極品。

Ⓐ 東京都世田谷區用賀 4-29-5
Ⓣ 03-6447-9406
Ⓗ 11：00 ～ 19：00
週二、週三公休、不定期休

Anis de Flavigny 弗拉維尼茴香糖

http://www.anis-flavigny.com

勃根地地區的奧澤蘭河畔弗拉維尼，於往昔修道院的舊址裡持續製作具有歷史意義的糖果。在日本進口販售的店鋪有連鎖超市成城石井（僅有部分口味）。

MAZET

https://www.mazetconfiseur.com

位於中央地區蒙塔日的老牌甜點店。巴黎也有分店，有著許多日本未進口販賣的限定商品。在日本原由片岡物產代理進口，現已結束合作。

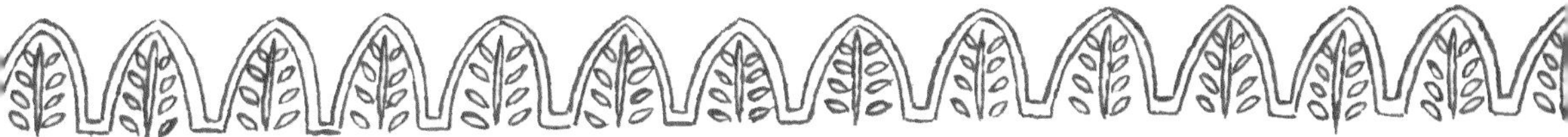

参考文献

◎『「オーボン ヴュータン」のフランス郷土菓子』河田勝彦著（誠文堂新光社 ）
◎『名前が語る お菓子の歴史』ニナ・バルビエ、エマニュアル・ペレ著（白水社）
◎『フランス 伝統的な焼き菓子』大森由紀子著（角川マガジンズ）『私のフランス地方菓子』大森由紀子著（柴田書店）
◎『フランス菓子図鑑』大森由紀子著（世界文化社）
◎『ア・ポワン 岡田吉之のお菓子 シンプルをきわめる』岡田吉之著（柴田書店）
◎『ドイツ菓子大全』安藤明監修（柴田書店）
◎『お菓子でたどるフランス史』池上俊一著（岩波書店）

参考文献

◎『フランスの地方菓子』ジャン＝リュック・ムーラン著（学習研究社）
◎『お菓子の由来物語』猫井登著（幻冬舎ルネッサンス）
◎『フランスのお菓子めぐり 子どもが夢見るプチガトー』マリー・ル＝ゴアズィウ、カトリーヌ・ドゥ＝ウーグ著（グラフィック社）
◎『フレデリック・カッセル 初めてのスイーツ・バイブル』フレデリック・カッセル監修（世界文化社）
◎『美しいフランス菓子の教科書』メラニー・デュピュイ著（パイインターナショナル）
◎『パティスリー・フランセーズそのイマジナスィオン・フィナル 3. フランス菓子その孤高の味わいの世界』弓田亨著（イル・プルー・シュル・ラ・セーヌ企画）
◎『お菓子の歴史』マグロンヌ・トゥーサン＝サマ著（河出書房新社）
◎『プロのためのわかりやすいフランス菓子』川北末一著（柴田書店）
◎『増補新装版 図説 フランスの歴史』佐々木真著（河出書房新社）
◎『[新] 洋菓子辞典』（白水社）
◎『王のパティシエ ストレールが語るお菓子の歴史』ピエール・リエナール、フランソワ・デュトゥ、クレール・オーゲル著（白水社）
◎『LA LORRAINE GOURMANDE』Jean-Marie Cuny 著（GENS DE LORRAINE）
◎『Bredele de Noël d'hier et d'aujourd'hui』Bernadette Heckmann, Nicole Burckel 著（ID L'Edition）
◎『Petits fours & bredele d' Alsace』Josiane Syren 著（SAEP）
◎『Desserts et délices de Lorraine : Recettes, produits du terroir, traditions』 Michèle Maubeuge 著（ Place Stanislas Editions）
◎『Les bonnes saveurs-Douceurs de nos régions』（ATLAS）
◎『La grande histoire de la patisserie-confiserie française』S.G. Sender, Marcel Derrien 著（Minerva）
◎『Le Tour de France gourmand』Gilles Pudlowski 著（Editions du Chêne）
◎『Temptation of Chocolate』Jacques Mercier 著（Lannoo Publishers）

フランスの素朴な地方菓子

法國鄉土甜點的經典本色

118 道歷久不衰的地方及家庭糕點故事

作　　者　下園昌江、深野知比呂
譯　　者　丁廣貞
選　　書　Ying C. 陳穎
審　　訂　Ying C. 陳穎
裝幀設計　黃畇嘉
責任編輯　王辰元

日本工作人員 ──────
設　　計　塙 美奈（ME&MIRACO）
照　　片　鈴木泰介
造　　型　曲田有子
插　　畫　松尾ミユキ

發 行 人　蘇拾平
總 編 輯　蘇拾平
副總編輯　王辰元
資深主編　夏于翔
主　　編　李明瑾
業　　務　王綬晨、邱紹溢
行　　銷　曾曉玲

出　　版　日出出版
　　　　　台北市105松山區復興北路333號11樓之4
　　　　　電話：（02）2718-2001　傳真：（02）2718-1258
發　　行　大雁文化事業股份有限公司
　　　　　住址：台北市105松山區復興北路333號11樓之4
　　　　　24小時傳真服務：（02）2718-1258
　　　　　Email：andbooks@andbooks.com.tw
　　　　　劃撥帳號：19983379 戶名：大雁文化事業股份有限公司

初版一刷　2022年9月
定　　價　499元
I S B N　978-626-7044-72-8
I S B N　978-626-7044-71-1（EPUB）

國家圖書館出版品預行編目 (CIP) 資料

法國鄉土甜點的經典本色：118 道歷久不衰的地方及家庭糕點故事 / 下園昌江、深野知比呂著；丁廣貞譯 . -- 初版 . -- 臺北市：日出出版：大雁文化事業股份有限公司發行 , 2022.09
　面；　公分
譯自：フランスの素朴な地方菓子
ISBN 978-626-7044-72-8（平裝）

1. 點心食譜

427.16　　111013943